LA GESTIÓN DE RIESGOS EN LAS INDUSTRIAS ALIMENTARIAS

LA GESTIÓN DE RIESGOS EN LAS INDUSTRIAS ALIMENTARIAS

Mª Ángeles Martín Linares PhD &
José Rodríguez Pérez, PhD

Pasión por la Calidad

Business Excellence Consulting Inc.
PO Box 8326
Bayamón, PR 00960-8326 (USA)
www.bec-global.com
info@bec-global.com

DEDICATORIA

Especialmente dedicado a los compañeros y amigos con los que siempre he aprendido y sigo aprendiendo, Antonio G., Martín, Diego, Francisco M., Mario L., Lola, Alicia, Arturo, Carlos, Ignacio M.,

A los "Jesús" de mi vida, por frases tan definitivas como: "para que sigues escribiendo libros que nadie lee" o "no sigas haciendo méritos que luego te tengo que meter en la "imposible" ventanilla electrónica"....quiero pensar que me lo dicen, porque a las personas con "cierta" testarudez esto nos estimula siempre para seguir....

A José María y a Mario C, por la confianza depositada en estos últimos años.

A todos GRACIAS.

Mª Ángeles

Dedicado a todos aquellos/as que hacéis nuestros alimentos más seguros. GRACIAS

Pepe

Tabla de Contenidos

DEDICATORIA v

LISTA DE FIGURAS Y TABLAS xi

PRÓLOGO.. xiii

INTRODUCCIÓN 1

CAPÍTULO 1. GESTIÓN DE RIESGOS 5

1.1 Introducción..5

1.2 La gestión de riesgos en calidad/seguridad alimentaria 7

1.3 Requisitos del riesgo en la ISO 9001:2015.......... 10

CAPÍTULO 2. GESTIÓN DE RIESGOS EN SEGURIDAD ALIMENTARIA.................................... 19

2.1 Principios del Análisis de Peligros y Puntos Críticos de Control.. 21

2.2 ISO 22000:2005 y Análisis de Peligros y Puntos Críticos de Control.. 23

2.3 Ley de Modernización de la Inocuidad de los Alimentos (FSMA) de la FDA: Prevención de la seguridad alimentaria basada en el riesgo 27

CAPÍTULO 3. PRINCIPIOS DE LA GESTIÓN DE RIESGOS 37

CAPÍTULO 4. PROCESO DE GESTIÓN DE RIESGOS 40

vii

4.1 Evaluación de riesgos 40

4.1.1 Identificación de riesgos 41

4.1.2 Análisis de riesgos........................43

4.1.2.1 Evaluación de controles.................46

4.1.2.2 Estimación del Riesgo: Análisis de Gravedad y Probabilidad 47

4.1.3 Evaluación de riesgos......................51

4.2 Control de riesgo 53

4.2.1 Reducción de riesgos.......................54

4.2.2 Aceptación del riesgo......................57

4.3 Documentación y comunicación de riesgos........57

4.4 Vigilancia de riesgo y revisión de la eficacia........59

CAPÍTULO 5. INTEGRACIÓN DE LA GESTIÓN DE RIESGOS CON LA GESTIÓN DE CALIDAD/SEGURIDAD ALIMENTARIA.................62

5.1 Sistema CAPA basado en el riesgo...............63

CAPÍTULO 6. GESTIÓN DE RIESGO EN LOS CONTROLES OFICIALES............................72

CAPÍTULO 7. METODOLOGÍAS Y HERRAMIENTAS.................................78

7.1 Técnicas y herramientas de evaluación de riesgos 79

CAPÍTULO 8 APLICACIONES PRÁCTICAS DE LA GESTIÓN DE RIESGOS EN LAS INDUSTRIAS ALIMENTARIAS...............................96

8.1 Gestión 96

8.1.1 Auditoría Interna 97

8.1.2 Formación 99

8.1.3 Reducción del riesgo de error humano 101

viii

8.1.4 Acciones reglamentarias: retiradas del mercado y evaluación de riesgos para la salud. 108

8.1.5 Sistema CAPA 114

8.1.6 Selección y Control de Proveedores 117

8.1.7 Flexibilidad en la aplicación del Sistema de gestión de seguridad alimentaria 120

8.2 Documentos y registros/ gestión de cambios .. 126

8.3 Integridad de datos 127

8.4 Instalaciones y equipos 128

8.5 Control de producción y proceso 131

8.5.1 Análisis de tendencias y control estadístico de procesos 134

8.5.2 Controles de laboratorio 135

8.5.3 Envasado y Etiquetado 136

8.5.4 Materiales 136

ANEXO 1 139

ANEXO 2 143

ACRÓNIMOS 175

ACERCA DE LOS AUTORES 177

BIBLIOGRAFÍA 181

ÍNDICE 185

LISTA DE FIGURAS Y TABLAS

Figuras

Figura 1. Familia de normas ISO 22000................24

Figura 2. Diferencias entre el Análisis de Peligros y
Puntos Críticos de Control y el Análisis de
Peligros y Controles Preventivos basado en
el riesgo...33

Figura 3. Estimación del riesgo..................................54

Figura 4. Priorización del Riesgo en las investigaciones.........71

Figura 5. Principios APPCC................................85

Figura 6. Interacción APPCC y CAPA.................117

Tablas

Tabla 1 Comparativa entre el Análisis de Peligros y
Controles Preventivos basado en el riesgo y el
APPCC..34

Tabla 2. Ejemplo de niveles básicos de gravedad..............49

Tabla 3. Categorización de gravedad................49

Tabla 4. Ejemplo de niveles de probabilidad.................51

Tabla 5. Niveles cuantitativos de probabilidad.
Fuente ISO 14971:2007...............................52

Tabla 6. Criterios de evaluación de riesgos CAPA..............65

Tabla 7. Matriz de puntuación en la evaluación del Riesgo...69

Tabla 8. Tipos de investigaciones de No conformidades.......72

Tabla 9. Utilización de la gestión de riesgos en
instalaciones y equipos................130

xi

PRÓLOGO

Desde la aparición de las primeras crisis alimentarias en la Unión Europea (Creutzfeldt-Jakob o vacas locas), se inició un intenso trabajo para garantizar un suministro de alimentos más seguro desde la granja a la mesa. Se pusieron en marcha numerosas herramientas, como la publicación en el 2000 del Libro Blanco de la Seguridad Alimentaria o la creación dos años después de la Autoridad Europea de Seguridad Alimentaria (EFSA). También se ha hecho progresivamente especial hincapié en el análisis de riesgos, un concepto hasta entonces desconocido, pero que poco a poco ha ido ganando terreno en el campo de la seguridad alimentaria.

La Gestión del Riesgo es uno de los tres componentes del Análisis del Riesgo en el que deben basarse las políticas en Seguridad Alimentaria e incluye todas las actuaciones dirigidas a la prevención y el control de los riesgos. Las decisiones tomadas para la gestión de riesgos en aras a proteger a la ciudadanía de los riesgos alimentarios contemplan la puesta en marcha de actuaciones normativas y actuaciones ejecutivas, estas últimas dirigidas a aumentar el conocimiento (acciones de investigación), a vigilar y controlar los riesgos (planes y programas de vigilancia y control), a establecer de protocolos de gestión de alertas alimentarias para actuar de manera rápida, y a informar y comunicar a la ciudadanía y a todas las partes interesadas en caso de riesgo.

El brote de listeriosis en Andalucía, que provocó tres muertes y cinco abortos y afectó a más de doscientas personas, ha sido la peor crisis sanitaria del país en 2019 así como el mayor caso de esta enfermedad registrado en Europa y uno de los más importantes del mundo. Estas son situaciones de tensión y apremio en la que se debe actuar con la máxima eficacia y rapidez para que la producción agroalimentaria andaluza tenga el mínimo daño posible.

Con la aparición del Covid-19, en Andalucía y en el mundo, la industria alimentaria, así como hábitos de vida y consumo tuvieron que cambiar drásticamente y enfrentarse a una nueva normalidad, por lo que la gestión de riesgos es un pilar fundamental para este sector. Y es que, sin duda, la contingencia global actual ha sacudido el modelo operativo de las empresas de diversos sectores, incluida la industria alimentaria. Y en este entorno, la gestión de riesgos surge como una herramienta única, capaz de proveer información sobre temas externos e internos y tendrá una influencia favorable o desfavorable para los jugadores dentro de la industria.

Los encargados de la gestión, a la hora de adoptar decisiones, necesitamos considerar una serie de informaciones, además de la evaluación científica del riesgo.

Incluyen, por ejemplo, la posibilidad de controlar una situación de riesgo, las acciones que sean más eficaces para reducirlo en función de la parte de la cadena de suministro de alimentos donde el problema se presenta, las disposiciones prácticas necesarias, los efectos socioeconómicos y el impacto ambiental.

Además de la evaluación y la gestión del riesgo es importante tener en cuenta otro concepto, el de la comunicación del riesgo. Transparencia y claridad son dos palabras clave sobre las que debería fundamentarse este apartado para conseguir la confianza del consumidor. La manera en como llega la información es fundamental para determinar su impacto y eficacia, y no solo debe explicar el riesgo, sino contextualizarlo de manera clara y ofrecer cuáles son las medidas que se adoptan (retiradas de productos, inspecciones y controles y aplicación de leyes y normativas).

Personalmente, agradezco a Mª Ángeles esta labor de divulgación científico-técnica acerca de temas de actual preocupación en materia de seguridad alimentaria. Con la presente publicación ofrece una visión actualizada del campo de la gestión de riesgos en su aplicación a los establecimientos de fabricación de productos alimenticios. Presenta un enfoque sistemático e integral para la gestión de riesgos de calidad/seguridad alimentaria.

Estoy seguro que será de gran utilidad al ayudar a los fabricantes en la integración de un sistema de gestión de riesgos en su sistema de gestión de la seguridad de los alimentos (sistema de autocontrol). Además, el uso adecuado de la gestión de riesgos va a facilitar el cumplimiento de los requisitos normativos, como las buenas prácticas de fabricación, las buenas prácticas higiénicas.

D. José María de Torres Medina

Director General de Salud Pública y Ordenación Farmacéutica de la Junta de Andalucía

INTRODUCCIÓN

El objetivo de la política de seguridad alimentaria de la Unión Europea (UE) es proteger a los consumidores, al tiempo que garantiza el buen funcionamiento del mercado único. Establecida en el año 2003, la política se centra en el concepto de la trazabilidad, tanto de insumos (por ejemplo, pienso animal) como de consumo (por ejemplo, producción primaria, procesamiento, almacenamiento, transporte y venta minorista). El Reglamento (CE) n° 178/2002 del Parlamento Europeo y del Consejo, de 28 de enero de 2002, por el que se establecen los principios y los requisitos generales de la legislación alimentaria, se crea la Autoridad Europea de Seguridad Alimentaria y se fijan procedimientos relativos a la seguridad alimentaria, establece el marco de regulación de la Unión Europea en materia de seguridad alimentaria.

Los principios de gestión de riesgos se utilizan de manera efectiva en muchas áreas comerciales y gubernamentales, incluida la salud pública. El uso adecuado de la gestión de riesgos de calidad/seguridad alimentaria puede facilitar el cumplimiento de los requisitos normativos.

El artículo 5 del Reglamento (CE) N° 852/2004 dispone que los operadores económicos deben crear, aplicar y mantener un procedimiento permanente basado en los principios del Análisis de Peligros y Puntos de Control Crítico (APPCC). Los procedimientos basados en el sistema

APPCC deben tener una base científica, tener en cuenta el riesgo y ser sistemáticos, así como detectar los peligros específicos y las medidas para controlar dichos peligros con el fin de garantizar la seguridad alimentaria. Junto con los principios enunciados en el Reglamento (CE) nº 178/2002 (enfoque del análisis del riesgo, principio de cautela, transparencia y comunicación, responsabilidad principal de los operadores y trazabilidad), constituyen el fundamento jurídico del sistema de gestión de la seguridad de los alimentos (SGSA) a escala europea que deben cumplir los operadores económicos.

Para que el APPCC sea eficaz ha de apoyarse en una base sólida de buenas prácticas de higiene (BPH, por ejemplo, limpieza y desinfección adecuadas, higiene personal), y de buenas prácticas de fabricación (BPF, por ejemplo, dosificación correcta de los ingredientes, temperatura adecuada de transformación), que en conjunto en un contexto internacional (por ejemplo, OMS, FAO, Codex o ISO), se denominan programas de prerrequisitos o de requisitos previos (abreviado PPR). Están establecidas en los requisitos generales de higiene de los anexos I y II del Reglamento (CE) Nº 852/2004, que se complementan con los requisitos específicos en materia de higiene de los alimentos de origen animal del anexo III del Reglamento (CE) Nº 853/2004 (algunos de dichos requisitos están destinados a los productores primarios (por ejemplo, en el caso de los huevos, la leche cruda, los moluscos bivalvos vivos y los productos de la pesca).

El propósito de este libro es ofrecer una visión actualizada del campo de la gestión de riesgos en su aplicación a los establecimientos de fabricación de productos alimenticios. Presenta un enfoque sistemático e integral para la gestión de riesgos de calidad/seguridad alimentaria. Ayudará a los fabricantes en la integración de un sistema de gestión de riesgos en su sistema de gestión de la seguridad de los alimentos (SGSA), proporcionando explicaciones prácticas y ejemplos. Además, el uso adecuado de la gestión de riesgos puede facilitar el cumplimiento de los requisitos normativos, como las buenas prácticas de fabricación, las buenas prácticas higiénicas o las buenas prácticas de laboratorio.

El capítulo 1 hace una introducción al concepto de la gestión de riesgos y su aplicación en los sistemas de gestión de calidad/seguridad alimentaria. Un enfoque eficaz de gestión de riesgos puede garantizar una mayor calidad y seguridad en un alimento al proporcionar un medio proactivo para identificar y controlar posibles problemas durante la fabricación. Además, el uso de la gestión de riesgos puede mejorar la toma de decisiones si surge un problema. Incluye una revisión de la norma internacional ISO 9001:2015 en cuanto a que representa la aplicación del pensamiento basado en el riesgo para planificar e implementar los procesos del sistema de gestión de calidad.

El Capítulo 2 está dedicado al Análisis de Peligros y Puntos Críticos de Control (APPCC) y la norma ISO 22000:2005 que integra los principios de gestión de seguridad alimentaria del APPCC con los principios de un sistema más amplio de gestión de la calidad. Además, incluye una discusión detallada de la Ley de Modernización de la Seguridad Alimentaria de EE. UU. y su metodología preventiva de seguridad alimentaria basada en el riesgo.

El Capítulo 3 detalla una lista de atributos que implican el que un establecimiento tenga un alto nivel de desempeño en la gestión de riesgos.

El Capítulo 4 describe los principales principios de la gestión del riesgo. Detalla el proceso de gestión de la calidad, define las responsabilidades y luego, secuencialmente, todo el proceso, comenzando con la evaluación de riesgos, continuando con el control de riesgos y la comunicación de riesgos, y terminando con la revisión y evaluación de la efectividad del proceso de riesgos.

El Capítulo 5 describe como el Sistema de acciones correctivas y preventivas (CAPA) y la gestión de riesgos son dos conceptos entrelazados que no se pueden separar y de como todas nuestras decisiones con respecto a CAPA deben filtrarse a través del sistema de gestión de riesgos.

El Capítulo 6 detalla como las Autoridades Sanitarias mediante la organización de controles oficiales y aplicando los principios de gestión de riesgo, han de garantizar la aplicación de la legislación de la Unión Europea sobre alimentos y piensos, y de las normas sobre salud y bienestar de los animales, sanidad vegetal y productos fitosanitarios en toda la cadena agroalimentaria.

El Capítulo 7 Presenta una recopilación de las metodologías y herramientas más utilizadas durante los procesos de gestión de riesgos, con especial énfasis en el APPCC. Una explicación detallada y ejemplos de aplicaciones prácticas para la reducción del riesgo en las industrias alimentarias se pueden encontrar en el Capítulo 8.

CAPÍTULO 1. GESTIÓN DE RIESGOS

1.1 Introducción

La gestión de riesgos en calidad/seguridad alimentaria es un componente valioso para un marco eficaz de los sistemas de gestión. Puede, por ejemplo, ayudar a guiar el establecimiento de especificaciones y parámetros de proceso para la fabricación de alimentos seguros, evaluar y mitigar el riesgo de cambiar un proceso o una especificación, y determinar el alcance de las investigaciones de no conformidades y acciones correctivas. Un enfoque eficaz de gestión de riesgos puede garantizar una mayor calidad y seguridad en un alimento al proporcionar un medio proactivo para identificar y controlar posibles problemas durante la fabricación. Además, el uso de la gestión de riesgos puede mejorar la toma de decisiones si surge un problema.

El riesgo se puede definir como la combinación de la probabilidad de que ocurra un daño y de la gravedad de ese daño. El Reglamento (UE) N° 2017/625 del Parlamento Europeo y del Consejo de 15 de marzo de 2017, relativo a los controles y otras actividades oficiales realizados para garantizar la aplicación de la legislación sobre alimentos y piensos, y de las normas sobre salud y bienestar de los animales, sanidad vegetal y productos fitosanitarios lo define en su artículo 3 como: «riesgo»: una función de la probabilidad de un efecto perjudicial para la salud humana, la salud animal, la sanidad vegetal, el bienestar de los animales o para el medio ambiente y de la gravedad de ese efecto, como consecuencia de un peligro.

Sin embargo, cada parte interesada puede percibir diferentes daños potenciales, colocar una probabilidad diferente de que ocurra cada daño y atribuir diferentes niveles de gravedad a cada daño. En relación con un producto alimenticio, aunque hay variedad de partes interesadas, incluidos los consumidores, la administración y la industria, la protección del consumidor mediante la gestión del riesgo debe considerarse de suma importancia.

La fabricación de un alimento implica necesariamente algún grado de riesgo. El riesgo para su calidad/seguridad es solo un componente del riesgo general. La calidad/seguridad del producto debe mantenerse a lo largo de la vida útil del mismo de manera que los atributos que son importantes para la calidad/seguridad del producto regulado permanezcan consistentes.

La gestión eficaz de riesgos también puede facilitar que se tomen mejores decisiones y más documentadas, puede proporcionar a las autoridades sanitarias y legisladores una mayor garantía de la capacidad de una empresa para hacer frente a los riesgos potenciales y puede afectar beneficiosamente al alcance y al nivel de supervisión regulatoria directa. Los fabricantes de productos alimenticios deben tener un sistema de gestión de la seguridad de los alimentos (SGSA) para asegurar que los alimentos que elaboran sean seguros para los consumidores, así como de procesos para abordar los riesgos relacionados con dichos productos. Estos procesos para gestionar el riesgo pueden evolucionar hacia un sistema de gestión independiente. Aunque los fabricantes pueden optar por mantener estos dos sistemas de gestión por separado, gestión de riesgos y gestión de seguridad alimentaria, puede ser ventajoso integrarlos, ya que se pueden reducir costes, eliminar redundancias y conducir a un sistema de gestión mucho más efectivo.

Un sistema de gestión eficaz y eficiente es esencial para garantizar la seguridad y el rendimiento de los productos. Bien definido incluye consideraciones de seguridad en áreas específicas. Dada la importancia de la seguridad, es útil identificar algunas actividades clave que aborden específicamente los problemas de seguridad y garantizar la entrada y la retroalimentación adecuadas de estas actividades en el sistema de gestión. El grado en que se abordan las consideraciones de seguridad debe ser acorde con el grado de riesgo y la naturaleza del alimento. Además, los principios de gestión de riesgos deben aplicarse a lo largo de toda la vida útil del producto.

El contenido de este libro proporcionará a los fabricantes de alimentos un marco dentro del cual la experiencia, el conocimiento y el juicio se aplican sistemáticamente para gestionar los riesgos asociados con sus productos.

1.2 La gestión de riesgos en calidad/seguridad alimentaria

Las organizaciones de todos los tipos y tamaños se enfrentan a factores e influencias internas y externas que hacen que haya cierta incertidumbre en el logro de sus objetivos y en cuanto o cuándo lo harán. El efecto que esta incertidumbre tiene sobre los objetivos de una organización se denomina "riesgo."

Comúnmente se entiende que el riesgo se define como la combinación de la probabilidad de que ocurra un daño y la gravedad de ese daño. Sin embargo, lograr una comprensión compartida de la aplicación de la gestión de riesgos entre las diversas partes interesadas es difícil, porque cada parte interesada puede percibir diferentes daños potenciales, colocar una probabilidad diferente de que ocurra cada daño y atribuir diferentes niveles de gravedad a cada daño.

Todas las actividades de una organización implican un riesgo. Las organizaciones administran el riesgo identificándolo, analizándolo y luego evaluando si el riesgo debe minimizarse para satisfacer sus criterios de riesgo. A lo largo de este proceso, se comunican y consultan con las partes interesadas, y se vigila y revisa el riesgo y los controles establecidos para modificar el riesgo, a fin de garantizar que no se requiera un tratamiento adicional del mismo. Todas las organizaciones gestionan el riesgo hasta cierto punto, y el objetivo final es integrar el proceso de gestión del riesgo en la estrategia y la planificación, la gestión, los procesos de información, las políticas, los valores y la cultura de la organización.

Las actuales prácticas y procesos de gestión de muchas organizaciones incluyen componentes de gestión de riesgos, y muchas organizaciones ya han adoptado un proceso formal de gestión de riesgos para tipos particulares de riesgo o circunstancias.

La gestión de riesgos se puede aplicar a toda una organización, a través de sus múltiples áreas y niveles, así como a funciones, proyectos y actividades específicas. Es importante entender que la gestión de riesgos no es una tarea de una sola vez. Es un proceso continuo e interminable que debe centrarse en múltiples aspectos organizativos. Todas esas consideraciones se vinculan en un programa integral de gestión de riesgos. Aunque la práctica de la gestión de riesgos se ha desarrollado con el tiempo y dentro de muchos sectores para satisfacer diversas necesidades, la adopción de procesos consistentes dentro de un marco integral puede ayudar a garantizar que el riesgo se gestione de una manera eficaz, eficiente y coherente en toda la organización. Cada sector específico y la aplicación de la gestión de riesgos trae consigo necesidades, audiencias, percepciones y criterios individuales. Cuando está correctamente implementada y mantenida, la gestión del riesgo permite a una organización:

- Fomentar la gestión proactiva
- Mejorar los controles, la eficacia y la eficiencia operativa
- Ser consciente de la necesidad de identificar y tratar el riesgo en toda la organización
- Mejorar la identificación de oportunidades y amenazas
- Cumplir con los requisitos legales y reglamentarios pertinentes
- Mejorar la notificación obligatoria y voluntaria
- Mejorar la gobernabilidad y la confianza de las partes interesadas
- Establecer una base fiable para la toma de decisiones y la planificación
- Asignar y utilizar eficazmente los recursos para el tratamiento del riesgo
- Mejorar la prevención de pérdidas y minimizarlas
- Mejorar el aprendizaje organizacional y la flexibilidad

Los conceptos de gestión de riesgos de calidad/seguridad alimentaria se ocupan de los procesos para gestionar los riesgos, principalmente para el consumidor, pero también para los trabajadores de los establecimientos de fabricación, otras personas, otros equipos y el medio ambiente. Como concepto general, las actividades en las que participa un individuo, una organización o un gobierno pueden exponer a esas u otras partes interesadas a peligros que pueden provocar la pérdida o el daño de algo que valoran. La gestión de riesgos es un tema complejo porque cada parte interesada otorga un valor diferente a la probabilidad de que ocurra un daño y a su gravedad. Una de las partes interesadas, el fabricante emite juicios relacionados con la seguridad de un producto alimenticio, incluida la aceptabilidad de los riesgos, con el fin de determinar la idoneidad de un producto que se va a comercializar y el mercado para su uso previsto.

Los fabricantes de alimentos deben utilizar la gestión de riesgos para reducir los riesgos y peligros, haciendo que sus alimentos sean más seguros para los consumidores. Sin embargo, es imposible fabricar un producto alimenticio que esté libre de riesgos, el riesgo cero no existe. Antes de analizar los riesgos, los fabricantes deben elaborar un plan de gestión de riesgos para implementar el proceso de gestión de riesgos a lo largo de la vida útil de su producto. Este proceso ayudará a los fabricantes a identificar los peligros potenciales y el mal uso previsible, y a estimar los riesgos de cada peligro para controlarlos y mitigarlos mejor.

1.3 Requisitos del riesgo en la ISO 9001:2015

ISO 9001 es la norma internacional que especifica los requisitos para un sistema de gestión de la calidad (SGC). Las organizaciones utilizan el estándar para demostrar su capacidad para proporcionar productos y servicios que cumplan con los requisitos reglamentarios y de los clientes. Es el estándar más popular de la serie ISO 9000 y el único estándar de la serie que las organizaciones pueden certificar.

ISO 9001 fue publicada por primera vez en 1987 por la Organización Internacional de Normalización (ISO), una agencia internacional compuesta por los organismos nacionales de normalización de más de 160 países. La versión actual (quinta edición) de ISO 9001 se publicó en septiembre de 2015.

Hay muchos elementos del pensamiento basado en el riesgo en la norma internacional ISO 9001:2015 que pueden afectar a las organizaciones a medida que trabajan para cumplir con la norma. Los siguientes extractos y resúmenes describen las referencias al riesgo en la ISO 9001:2015 (Organización Internacional de Normalización 2015):

En la Introducción, Sección 0.1 General, la norma establece que *"la adopción de un sistema de gestión de la calidad es una decisión estratégica para una organización que puede ayudar a mejorar su desempeño general y proporcionar una base sólida para las iniciativas de desarrollo sostenible"*. Y cita como uno de los principales beneficios potenciales de implementar un SGC basado en este estándar internacional, el abordar los riesgos y oportunidades asociados a su contexto y objetivos.

Esta norma internacional emplea el enfoque de procesos, que incorpora el ciclo planificar-hacer-verificar-actuar (PDCA por sus siglas en inglés) y el pensamiento basado en el riesgo. El pensamiento basado en riesgos permite a una organización determinar los factores que podrían hacer que sus procesos y su sistema de gestión de calidad se desvíen de los resultados planificados, implementar controles preventivos para minimizar los efectos negativos y aprovechar al máximo las oportunidades a medida que se presentan.

En la Sección 0.3 Enfoque por procesos, 0.3.1 General, esta norma internacional establece que *"el enfoque por procesos implica la definición y gestión sistemáticas de los procesos y sus interacciones, a fin de lograr los resultados previstos de acuerdo con la política y la estrategia de la calidad. La gestión de los procesos y el sistema en su conjunto se puede lograr utilizando el ciclo PDCA con un enfoque general en el pensamiento basado en el riesgo destinado a aprovechar las oportunidades y prevenir resultados no deseados"*.

El elemento del plan del ciclo PDCA establece los objetivos del sistema y sus procesos, y los recursos necesarios para entregar resultados de acuerdo con los requisitos de los clientes y las políticas de la organización e identificar y abordar riesgos y oportunidades.

En la Sección 0.3.3 Pensamiento basado en el riesgo, este estándar Internacional establece que el pensamiento basado en el riesgo:

es esencial para lograr un sistema de gestión de la calidad eficaz. El concepto de pensamiento basado en el riesgo ha estado implícito en ediciones anteriores de esta Norma Internacional, lo que incluye, por ejemplo, llevar a cabo acciones preventivas para eliminar posibles no conformidades, analizar cualquier no conformidad que ocurra y tomar medidas que sean apropiadas para los efectos de la no conformidad para prevenir la recurrencia.

Para cumplir con los requisitos de esta Norma Internacional, una organización necesita planificar e implementar acciones para abordar los riesgos y oportunidades. Abordar tanto los riesgos como las oportunidades establece una base para aumentar la eficacia del sistema de gestión, lograr mejores resultados y prevenir los efectos negativos.

Las oportunidades pueden surgir como resultado de una situación favorable para lograr un resultado previsto, por ejemplo, un conjunto de circunstancias que permiten a la organización atraer clientes, desarrollar nuevos productos, reducir el desperdicio o mejorar la productividad. Las acciones para abordar las oportunidades también pueden incluir la consideración de los riesgos asociados. El riesgo es el efecto de la incertidumbre y cualquier incertidumbre puede tener efectos positivos o negativos. Una desviación positiva que surge de un riesgo puede brindar una oportunidad, pero no todos los efectos positivos del riesgo resultan en oportunidades.

Declara que esta Norma Internacional permite a una organización utilizar el enfoque basado en procesos, junto con el ciclo PDCA y el pensamiento basado en riesgos, para alinear o integrar su sistema de gestión de calidad con los requisitos de otras normas de sistemas de gestión.

En la Sección 4.4 Sistema de gestión de la calidad y sus procesos, Subsección 4.4.1, establece que "*La organización deberá abordar los riesgos y oportunidades según lo determinado de acuerdo con los requisitos de la sección 6.1*".

En el Apartado 5.1 Liderazgo y compromiso, Apartado 5.1.1 General, establece que "*La alta dirección deberá demostrar liderazgo y compromiso con respecto al sistema de gestión de la calidad mediante la promoción del uso del enfoque basado en procesos y el pensamiento basado en riesgos*".

Bajo la Sección 5.1.2. Enfoque en el cliente, establece que "*La alta dirección deberá demostrar liderazgo y compromiso con respecto al enfoque en el cliente asegurando que se determinen y aborden los riesgos y oportunidades que pueden afectar la conformidad de los productos y servicios y la capacidad para mejorar la satisfacción del cliente.*"

En la Sección 6 Planificación, Subsección 6.1 Acciones para abordar riesgos y oportunidades, incluye como parte de la Subsección 6.1.1, "*Al planificar el sistema de gestión de la calidad, la organización debe considerar los problemas mencionados en 4.1 y los requisitos mencionados en 4.2 y determinar los riesgos y oportunidades que deben abordarse para*:

a) *dar seguridad de que el sistema de gestión de la calidad puede lograr los resultados previstos*;

b) *mejorar los efectos deseables;*

c) *prevenir o reducir los efectos no deseados; d) lograr la* mejora."

Bajo la Subsección 6.1.2, establece que la organización debe planificar acciones para abordar estos riesgos y oportunidades, y cómo integrar e implementar las acciones en los procesos de su sistema de gestión de la calidad y evaluar la efectividad de estas acciones. También establece que "*Las acciones tomadas para abordar riesgos y oportunidades serán proporcionales al impacto potencial sobre la conformidad de los productos y servicios.*"

En la Nota 1, establece que "*Las opciones para abordar los riesgos pueden incluir evitar el riesgo, asumir el riesgo para aprovechar una oportunidad, eliminar la fuente del riesgo, cambiar la probabilidad o las consecuencias, compartir el riesgo o retener el riesgo mediante una decisión informada".*

En la Sección 9 Evaluación del desempeño, Subsección 9.1 Seguimiento, medición, análisis y evaluación, Subsección 9.1.3 Análisis y evaluación, establece que *"La organización debe analizar y evaluar los datos e información apropiados que surjan del seguimiento y la medición. Los resultados del análisis se utilizarán para evaluar. . . la efectividad de las acciones tomadas para abordar los riesgos y oportunidades."*

En el Apartado 9.3 Revisión por la dirección, Subsección 9.3.2 Entradas de la revisión por la dirección, establece que *"La revisión por la dirección se planificará y llevará a cabo teniendo en cuenta . . . la efectividad de las acciones tomadas para abordar los riesgos y oportunidades (ver 6.1)."*

En el Artículo 10 Mejora, Inciso 10.2 Inconformidad y acción correctiva, Inciso 10.2.1, establece que *"Cuando se produce una no conformidad, incluyendo cualquiera que surja de las quejas, la organización debe. . . actualizar los riesgos y oportunidades determinados durante la planificación, si es necesario."*

Esta norma internacional también incluye el Anexo A (informativo), Aclaración de nueva estructura, terminología y conceptos. Como parte de este anexo, los siguientes tres elementos están vinculados a los requisitos de riesgo:

A .4 Pensamiento basado en el riesgo

El concepto de pensamiento basado en el riesgo ha estado implícito en anteriores ediciones de esta Norma Internacional, por ejemplo, través de requisitos para la planificación, revisión y mejora. Esta Norma Internacional especifica los requisitos para que la organización comprenda su contexto (ver 4.1) y determine los riesgos como base para la planificación (ver 6.1). Esto representa la aplicación del pensamiento basado en el riesgo para planificar e implementar los procesos del sistema de gestión de la calidad (ver 4.4) y ayudará a determinar el alcance de la información documentada.

Uno de los propósitos clave de un sistema de gestión de calidad es actuar como una herramienta preventiva. En consecuencia, esta Norma Internacional no tiene una cláusula o sub cláusula separada sobre acción preventiva. El concepto de acción preventiva se expresa mediante el uso del pensamiento basado en el riesgo al formular los requisitos del sistema de gestión de la calidad.

El pensamiento basado en el riesgo aplicado en esta Norma Internacional ha permitido cierta reducción en los requisitos prescriptivos y su reemplazo por requisitos basados en el desempeño. Hay mayor flexibilidad que en ISO 9001:2008 en los requisitos para procesos, información documentada y responsabilidades organizacionales.

Aunque 6.1 especifica que la organización debe planificar acciones para abordar los riesgos, no existe un requisito de métodos formales para la gestión de riesgos o un proceso de gestión de riesgos documentado. Las organizaciones pueden decidir si desarrollan o no una metodología de gestión de riesgos más extensa que la requerida por esta Norma Internacional, por ejemplo, través de la aplicación de otras guías o estándares.

No todos los procesos de un sistema de gestión de la calidad representan el mismo nivel de riesgo en cuanto a la capacidad de la organización para cumplir sus objetivos, y los efectos de la incertidumbre no son iguales para todas las organizaciones. De acuerdo con los requisitos de 6.1, la organización es responsable de su aplicación del pensamiento basado en el riesgo y de las acciones que toma para abordar el riesgo, incluida la retención o no de información documentada como evidencia de su determinación de riesgos.

A .5 Aplicabilidad

Esta Norma Internacional no hace referencia a "exclusiones" en relación con la aplicabilidad de sus requisitos al sistema de gestión de la calidad de la organización. Sin embargo, una organización puede revisar la aplicabilidad de los requisitos debido al tamaño o complejidad de la organización, el modelo de gestión que adopta, el rango de actividades de la organización y la naturaleza de los riesgos y oportunidades que enfrenta.

A .8 Control de procesos, productos y servicios proporcionados externamente

La organización puede aplicar el pensamiento basado en el riesgo para determinar el tipo y el alcance de los controles apropiados para proveedores externos particulares y procesos, productos y servicios proporcionados externamente.

Gestión de Riesgos y Acciones Preventivas

Uno de los propósitos clave de implementar un sistema de gestión de riesgo es actuar como una herramienta preventiva. Como resultado, el requisito formal relacionado con la acción preventiva (que existe desde la versión de 1994 de ISO 9001) se eliminó en la versión de 2015 y se reemplazó con el requisito de *pensamiento basado en riesgos.*

ISO 9001:2015 enfatiza los procesos proactivos de detección de errores para evitar que ocurran problemas porque la detección (junto con la identificación de la causa raíz y la implementación de acciones correctivas) no es tan efectiva como debería ser. Por tanto, el objetivo de la nueva Norma es que planificar el SGC desde el principio sea la mejor acción preventiva, haciendo innecesaria una cláusula ligada a la acción correctiva.

La anterior cláusula de acción correctiva (8.5.2 en ISO 9001:2008) ha sido reemplazada por una nueva cláusula denominada *"No conformidad y acción correctiva"* (10.2), mientras que la cláusula de acción preventiva (8.5.3 en ISO 9001:2008) ha sido eliminado y su espíritu se ha incorporado como parte de una nueva cláusula (6.1) denominada *"Acciones para abordar riesgos y oportunidades".*

Las organizaciones rara vez aplican el concepto de acción preventiva en la etapa óptima de un SGC debido a las limitaciones de coste o tiempo. Prevenir todos los problemas potenciales y las no conformidades es prohibitivamente costoso o incluso imposible. El requisito de ISO 9001:2015 de *pensamiento basado en el riesgo* puede ayudar a prevenir fallos y problemas importantes, pero es poco probable que prevenga la gran mayoría de los problemas potenciales. Creemos que nuestra comprensión actual del concepto de acción preventiva (cuando se interpreta y aplica correctamente) sobrevivirá durante muchos años. ¿Quién puede oponerse a extender cualquier mejora identificada a otros productos, procesos o sistemas que aún no se vean afectados por una causa raíz identificada?.

CAPÍTULO 2. GESTIÓN DE RIESGOS EN SEGURIDAD ALIMENTARIA

El artículo 14 del Reglamento (CE) nº 178/2002, por el que se establecen los principios y los requisitos generales de la legislación alimentaria, se crea la Autoridad Europea de Seguridad Alimentaria y se fijan procedimientos relativos a la seguridad alimentaria, establece que "No se comercializarán alimentos que no sean seguros (...), se considerará que un alimento no es seguro cuando sea nocivo para la salud o no sea apto para el consumo". Del mismo modo, dicho artículo indica que:

"A la hora de determinar si un alimento es nocivo para la salud se tendrán en cuenta los probables efectos inmediatos y a corto y largo plazo de ese alimento, no sólo para la salud de la persona que lo consume, sino también para la de sus descendientes; los posibles efectos tóxicos acumulativos; la sensibilidad particular de orden orgánico de una categoría específica de consumidores, cuando el alimento esté destinado a ella".

"A la hora de determinar si un alimento no es apto para el consumo humano, se tendrá en cuenta si el alimento resulta inaceptable para el consumo humano de acuerdo con el uso para el que esté destinado, por estar contaminado por una materia extraña o de otra forma, o estar putrefacto, deteriorado o descompuesto".

"A la hora de determinar si un alimento no es seguro, deberá tenerse en cuenta lo siguiente: las condiciones normales de uso del alimento por los consumidores y en cada fase de la producción, la transformación y la distribución, y la información ofrecida al consumidor, incluida la que figura en la etiqueta, u otros datos a los que el consumidor tiene por lo general acceso, sobre la prevención de determinados efectos perjudiciales para la salud que se derivan de un determinado alimento o categoría de alimentos".

La seguridad de los alimentos es una disciplina científica que describe la manipulación, preparación y almacenamiento de los alimentos de forma que se prevengan las enfermedades transmitidas por los alimentos. Esto incluye varias actividades que deben seguirse para evitar peligros potencialmente graves para la salud. Las enfermedades transmitidas por los alimentos tienen un gran impacto en la salud. Millones de personas enferman y muchas mueren por comer alimentos nocivos. Profundamente preocupados por esto, los estados miembros de la OMS adoptaron una resolución en 2000 para reconocer la seguridad de los alimentos como una función esencial de Salud Pública.

La seguridad de los alimentos engloba acciones destinadas a garantizar que todos los alimentos sean lo más seguros posible. Las políticas y acciones de seguridad alimentaria deben cubrir toda la cadena alimentaria, desde la producción primaria hasta el consumidor final. Los alimentos insalubres plantean amenazas para la salud mundial y ponen en peligro a todos, especialmente a aquellos particularmente vulnerables (ancianos, bebés, embarazadas, etc.). Por ejemplo, cada año 220 millones de niños contraen enfermedades diarreicas y 96.000 mueren (Organización Mundial de la Salud 2015).

2.1 Principios del Análisis de Peligros y Puntos Críticos de Control

En la década de 1960, la Pillsbury Company, el Ejército de los Estado Unidos y la Administración Nacional Aeronáutica y Espacial (NASA) y de la US Army' s Natick Laboratories, desarrollaron el sistema de Análisis de Peligros y Puntos Críticos de Control (APPCC) para garantizar más seguridad en los alimentos consumidos por los astronautas en las misiones espaciales, manteniendo sus propiedades nutritivas y sabor, al mismo tiempo que reducían el número de pruebas e inspecciones al producto final. Fue diseñado como un sistema proactivo para prevenir peligros que podrían afectar a la seguridad de los alimentos, evaluando sistemáticamente, los ingredientes, condiciones ambientales, y procesos utilizados para fabricarlos, identificando áreas potenciales de riesgo y determinando los Puntos Críticos de Control, que deben ser controlados para prevenir riesgos inaceptables desde el punto de vista de la seguridad alimentaria.

Los informes realizados por tres prestigiosos grupos acerca de las bondades del APPCC como el mejor sistema para garantizar la producción segura de los alimentos, abrieron la puerta a la globalización del mismo:

- *National Advisory Committee on Microbiological Criteria for Foods* (NACMCF), en 1985
- *Internacional Commision for the Microbiological Specifications for Food* (ICMSF), en 1988
- Las Guías para la Aplicación del Sistema de Análisis de Peligros y Puntos de Control Crítico (APPCC) de la Comisión del Código Alimentario, adoptadas conjuntamente por FAO/WHO, 1993

El NACMCF desarrolló los Principios APPCC para la Producción de Alimentos en noviembre de 1989 y ha

21

trabajado para normalizar los principios de APPCC para todos los miembros de la industria alimentaria. El documento fue actualizado por NACMCF en 1992 como Sistema de Análisis de Riesgos y Puntos de Control Críticos. En 1997 fue revisado para hacerlo consistente con la revisión 1997 del APPCC del *Codex Alimentarius* (CODEX) de la OMS.

En el año 1993, la Comisión del CODEX adoptó las directrices para la aplicación del sistema APPCC, al incorporar como anexo al Código de principios Generales de Higiene de los Alimentos. Estas directrices fueron revisadas en el año 1997, por la propia Comisión del CODEX incluyendo los principios en los que se asienta el sistema y la secuencia lógica de su aplicación que en la actualidad siguen vigentes tras su última revisión en julio de 2003.

Las medidas adoptadas por la Unión Europea (UE) en materia de seguridad alimentaria y productos alimenticios remiten frecuentemente al Codex para justificar sus prescripciones. Tal es el caso, en particular, del principio del Análisis de Peligros y Puntos de Control Crítico, retomado en la legislación europea relativa a la higiene de los productos alimenticios y los controles oficiales de los productos de origen animal destinados al consumo humano.

Mediante el Reglamento (CE) nº 852/2004 del Parlamento Europeo y del Consejo 29 de Abril del 2004, relativo a la higiene de los productos alimentarios, en el artículo 5 se establece la obligación de los operadores de empresa alimentaria de crear, aplicar y mantener un procedimiento, o procedimientos permanentes basados en el sistema de análisis de peligros y puntos de control crítico y se enumeran los principios del sistema APPCC.

2.2 ISO 22000:2005 y Análisis de Peligros y Puntos Críticos de Control

El lanzamiento el 1 de septiembre de 2005 de la serie ISO 22000 (Gestión de la seguridad alimentaria), desarrollada por el comité técnico de ISO ISO/TC 34, Productos alimentarios, marcó la llegada de una opción verdaderamente global para garantizar cadenas de suministro de alimentos seguras. ISO 22000 es una Norma Internacional que define los requisitos de un sistema de gestión de seguridad alimentaria que cubre todas las organizaciones en la cadena alimentaria desde "la granja hasta la mesa". La norma ISO 22000:2005 especifica los requisitos para un sistema de gestión de la seguridad de los alimentos en el que una organización de la cadena alimentaria (incluidas organizaciones interrelacionadas, como productores de equipos, material de envasado, agentes de limpieza, aditivos e ingredientes) necesita demostrar su capacidad para controlar los peligros con el fin de garantizar que sean seguros al consumo. La Norma combina elementos clave generalmente reconocidos para garantizar la seguridad de los alimentos a lo largo de la cadena alimentaria, incluidos:

– Comunicación interactiva
– Gestión del sistema
– Control de peligros para la seguridad de los alimentos a través de programas de requisitos previos y planes APPCC
– Mejora continua y actualización del sistema de gestión de seguridad alimentaria

Los sistemas más eficaces de seguridad de los alimentos se establecen, operan y actualizan dentro del marco de un sistema de gestión estructurado y se incorporan a las actividades generales de gestión de la organización. Esto proporciona el máximo beneficio para la organización y para las partes interesadas. La ISO 22000 se ha alineado con la ISO 9001 para mejorar la compatibilidad de las dos normas. ISO desarrolló estándares adicionales relacionados con ISO 22000. Estos estándares se conocen como la familia de estándares ISO 22000. La Figura 1 muestra la composición actual de esta familia de normas, cada una de las cuales se centra en diferentes aspectos de la gestión de la inocuidad de los alimentos.

Figura 1 Familia de normas ISO 22000.

- ISO 22000:2005 contiene las directrices generales para la seguridad alimentaria
- ISO 2004:2014 proporciona asesoramiento genérico sobre la aplicación de ISO 22000
- ISO 22005:2007 se centra en la trazabilidad en la cadena alimentaria y de piensos
- ISO/TS 22002-1:2009 contiene requisitos previos específicos para la fabricación de alimentos
- ISO/TS 22002-2:2013 contiene requisitos previos específicos para la restauración
- ISO/TS 22002-3:2011 contiene requisitos previos específicos para la agricultura
- ISO/TS 22002-4:2013 contiene requisitos previos específicos para la fabricación de envases para alimentos
- ISO/TS 22003:2013 proporciona directrices para los organismos de auditoría y certificación

La norma ISO 22000 se revisó en una versión final actualizada a finales del 2018. Los principales cambios propuestos a la Norma incluyen modificaciones a su estructura, así como la aclaración de conceptos clave como:

24

La estructura de alto nivel. Para facilitar la vida de las empresas que utilizan más de un estándar de sistema de gestión, la nueva versión de ISO 22000 seguirá la misma estructura que todos los demás estándares de sistema de gestión ISO, estructura de alto nivel (HLS por sus términos en inglés).

El enfoque del riesgo. El estándar ahora incluye un enfoque diferente para comprender el riesgo.

El ciclo PDCA. El estándar aclara el ciclo **planificar-hacer-verificar-actuar** al tener dos ciclos separados en el estándar que trabajan juntos: uno que cubre el sistema de gestión y el otro que cubre los principios de APPCC.

El proceso de operación. Proporciona una descripción clara de las diferencias entre términos clave como puntos críticos de control (PCC), programas de requisitos previos operativos (OPRP) y programas de requisitos previos (PRP).

ISO 22000 integra los principios del sistema APPCC y los pasos de aplicación desarrollados por la Comisión del *Codex Alimentarius*[1]. Por medio de requisitos auditables, combina el plan APPCC con programas de requisitos previos. El análisis de peligros es la clave para un sistema eficaz de gestión de seguridad de los alimentos, ya que realizar un análisis de peligros ayuda a organizar el conocimiento necesario para establecer una combinación eficaz de medidas de control. ISO 22000 requiere que se identifiquen y evalúen todos los peligros que razonablemente se puede esperar que ocurran en la cadena alimentaria, incluidos los peligros que pueden estar asociados con el tipo de proceso y las instalaciones utilizadas. Por lo tanto, proporciona los medios para determinar y documentar por qué ciertos peligros identificados deben ser controlados por una organización en particular y por qué otros no.

---

[1] http://www.fao.org/fao-who-codexalimentarius/en/

Durante el análisis de peligros, la organización determina la estrategia que se utilizará para garantizar el control de peligros mediante la combinación de los programas de requisitos previos y el plan APPCC. APPCC es un sistema de gestión en el que la seguridad de los alimentos se aborda a través del análisis y control de los peligros biológicos, químicos y físicos desde la producción, adquisición y manipulación de materias primas hasta la fabricación, distribución y consumo del producto terminado. Un sistema APPCC lo ayuda a concentrarse en los peligros que afectan la seguridad alimentaria a través de la identificación de los peligros y a establecer límites críticos de control en puntos críticos durante el proceso de producción.

APPCC es un enfoque sistemático para la identificación, evaluación y control de los peligros para la seguridad de los alimentos basado en los siguientes siete principios:

Principio 1: Realizar un análisis de peligros
Principio 2: Determinar los puntos críticos de control (PCC)
Principio 3: Establecer límites críticos
Principio 4: Establecer procedimientos de vigilancia
Principio 5: Establecer acciones correctivas
Principio 6: Establecer procedimientos de verificación
Principio 7: Establecer procedimientos de registro y documentación

En la Sección 7.1 se incluye una descripción más detallada de APPCC

2.3 Ley de Modernización de la Inocuidad de los Alimentos (FSMA) de la FDA: Prevención de la seguridad alimentaria basada en el riesgo

La Ley de Modernización de la Seguridad Alimentaria (FSMA) de la Administración de alimentos y Medicamentos (FDA), la reforma más importante de las leyes de seguridad alimentaria de EE.UU. en más de 70 años, fue promulgada por el presidente Obama el 4 de enero de 2011 (Administración de Alimentos y Medicamentos 2016d). Su objetivo es garantizar que el suministro de alimentos de los EE. UU., sea seguro al cambiar el enfoque de responder a la contaminación por prevenirla. La prevención es pues, la piedra angular de la Ley de Modernización de la Seguridad Alimentaria de la FDA.

Aproximadamente 48 millones de personas (1 de cada 6 estadounidenses) enferman, 128000 son hospitalizadas y 3000 mueren cada año por enfermedades transmitidas por los alimentos, según datos recientes de los Centros para el Control y la Prevención de Enfermedades. En Europa, estas cifras suponen 23 millones de personas las que enferman, de las cuáles 4.700 pierden la vida (OMS).

Esta es una carga importante para la salud pública que se puede prevenir en gran medida.

La Ley FSMA permite a la FDA proteger mejor la Salud Pública al fortalecer el sistema de seguridad alimentaria. Le permite centrarse más en la prevención de problemas de seguridad de los alimentos en lugar de depender principalmente de reaccionar ante los problemas después de que ocurran.

Las siguientes son algunas de las nuevas autoridades y mandatos de prevención clave de la FDA. Por primera vez, la FDA tendrá un mandato legislativo para exigir controles preventivos completos y basados en el riesgo en todo el suministro de alimentos. Este mandato incluye:

Controles preventivos[2] obligatorios para establecimientos de alimentos. Los establecimientos de fabricación de alimentos deben implementar un Plan de Análisis de Peligros y Controles Preventivos basado en el riesgo por escrito. Esto involucra:

1. Evaluar los peligros que podrían afectar la seguridad de los alimentos y especificar qué pasos preventivos o controles se implementarán para minimizar o prevenir los peligros de manera significativa

2. Especificar como el establecimiento vigilará estos controles para garantizar que estén funcionando

3. Mantener registros de vigilancia

4. Especificar qué acciones efectuará el establecimiento para corregir los problemas que surjan

Normas obligatorias de seguridad de los productos. La FDA debe establecer estándares mínimos basados en la ciencia para la producción y cosecha segura de frutas y verduras. Esos estándares deben considerar los peligros que ocurren naturalmente, así como aquellos que pueden

---

[2] Controles preventivos son aquellos procedimientos, prácticas y procesos razonables, apropiados y basados en riesgos que una persona que conoce los métodos seguros de elaboración, procesamiento, envasado y almacenamiento de alimentos podría emplear para minimizar o prevenir de forma significativa los peligros identificados en el análisis de peligros, que se condicen con los hallazgos científicos recientes en cuanto a métodos seguros de elaboración, procesamiento, envasado y almacenamiento de alimentos en el momento de realizar el análisis (21 CFR 117 FDA).

introducirse de manera no intencional o intencional, y deben abordar las enmiendas del suelo (materiales agregados al suelo, como el compost), la higiene, el envasado, los controles de temperatura, los animales en las zonas de cultivo, y el agua de riego.

Autoridad para prevenir la contaminación intencional. La FDA debe dictar normas para la protección contra la adulteración intencional de los alimentos, incluido el establecimiento de estrategias de mitigación con base científica para preparar y proteger la cadena de suministro de alimentos en puntos vulnerables específicos.

Requerimientos clave. Los establecimientos sujetos a la Ley deben establecer e implementar un sistema de seguridad alimentaria que incluya tanto un análisis de peligros como **controles preventivos basados en riesgos.** La regla establece requisitos para un plan por escrito de seguridad de los alimentos que incluye:

Análisis de peligros. El primer paso es la identificación de peligros, que debe considerar los peligros biológicos, químicos (incluidos los radiológicos[3]) y físicos conocidos o razonablemente previsibles. Estos peligros podrían estar presentes porque se producen de forma natural, se introducen de forma no intencionada o se introducen de

---

[3] Si bien no es un peligro que pueda generarse con frecuencia, es posible que se presente por agua de pozo contaminada por depósitos naturales que contienen materiales radioactivos, o derivado de accidentes en plantas o establecimientos que manejan materiales radioactivos, como lo ocurrido en Fukushima, Japón. Este peligro radiológico no hace referencia a alimentos irradiados, ya que estos se consideran seguros.

forma intencionada con fines económicos (si afectan a la seguridad de los alimentos).

Controles preventivos. Este enfoque supone un paso más con respecto al APPCC tradicional. Son medidas necesarias para garantizar que se minimicen o prevengan los peligros que requieren un control preventivo. Incluyen controles de procesos (son los puntos críticos de control, PCC), y otros controles preventivos, que son controles que van más allá de los manejados como PCC y que pueden incluir los controles de peligros relacionados con alérgenos alimentarios, saneamiento, cadena de suministro y otros que requieran un control preventivo y un plan de retirada.

- Supervisión y gestión de controles preventivos. La regla final provee flexibilidad en los pasos necesarios para asegurar que los controles preventivos sean efectivos y para corregir los problemas que puedan surgir.

- Vigilancia. Estos procedimientos están diseñados para garantizar que los controles preventivos se realicen de manera consistente. El seguimiento se realiza de forma adecuada al control preventivo. Por ejemplo, la vigilancia de un proceso térmico para matar patógenos incluiría valores de temperatura reales y sería más frecuente que la vigilancia de actividades de mantenimiento preventivo utilizadas para minimizar los peligros físicos por metales, que podría ser un simple registro de la fecha en que se llevó a cabo la actividad.

- Acciones correctivas y correcciones. Las correcciones son pasos que se toman para identificar y corregir oportunamente un problema aislado menor que ocurre durante la producción de alimentos. Las acciones correctivas incluyen acciones para identificar un problema con la implementación de un control preventivo, para reducir la probabilidad de que el problema se repita y para evaluar la inocuidad de los alimentos afectados y evitar que ingresen al comercio. Las acciones correctivas deben documentarse con registros.

- Verificación. Estas actividades son necesarias para garantizar que los controles preventivos se implementen de manera consistente y sean efectivos. Incluyen la validación con evidencia científica de que un control preventivo es capaz de controlar de manera efectiva un peligro identificado, la calibración (o verificaciones de precisión) de los instrumentos de verificación y vigilancia del proceso, como termómetros, y la revisión de registros para verificar que las acciones correctivas y de vigilancia (si es necesario) se lleven a cabo. Las pruebas de productos y el monitoreo ambiental son posibles actividades de verificación, pero solo se requieren según corresponda al alimento, las instalaciones, la naturaleza del control preventivo y la función de ese control en el sistema de seguridad de los alimentos del establecimiento. Por lo general, se requeriría un monitoreo ambiental si la contaminación de un alimento listo para el consumo con un patógeno ambiental es un peligro que requiere un control preventivo como es el caso de *Listeria* o *Salmonella* (productos de baja humedad) en alimentos listos para el consumo que se exponen al medio ambiente antes del envasado y que no reciben un tratamiento adicional para eliminar los patógenos.
- Buenas prácticas de fabricación actuales (cGMP). Estas fueron actualizadas y aclarados. Entre los cambios más significativos se encuentran los siguientes:

La regla final no incluye disposiciones no vinculantes, que son más apropiadas para las guías.

Algunas de las disposiciones que antes no eran vinculantes, como la educación y la formación, ahora son vinculantes.

Se requiere que la gerencia se asegure de que todos los empleados que fabrican, procesan, envasan o almacenan alimentos están cualificados para realizar las tareas asignadas. Dichos empleados deben tener la combinación necesaria de educación, formación y/o experiencia necesaria para fabricar, procesar, envasar o almacenar alimentos limpios y seguros. Las personas deben recibir capacitación en los principios de higiene y seguridad de los alimentos, incluida la importancia de la salud y la higiene de los empleados.

Las cGMP abordan el contacto cruzado con alérgenos de un modo explícito en el texto reglamentario.

En la siguiente Figura 2 se muestra las principales diferencias entre el Análisis de peligros y puntos críticos de control (APPCC) y el Análisis de peligros y controles preventivos basado en el riesgo ((Hazard Analysis and Risk-Based Preventive Controls (HARPC por sus siglas en inglés).

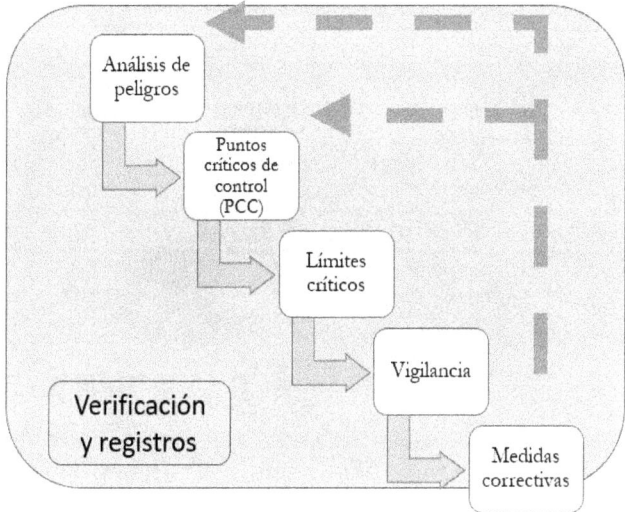

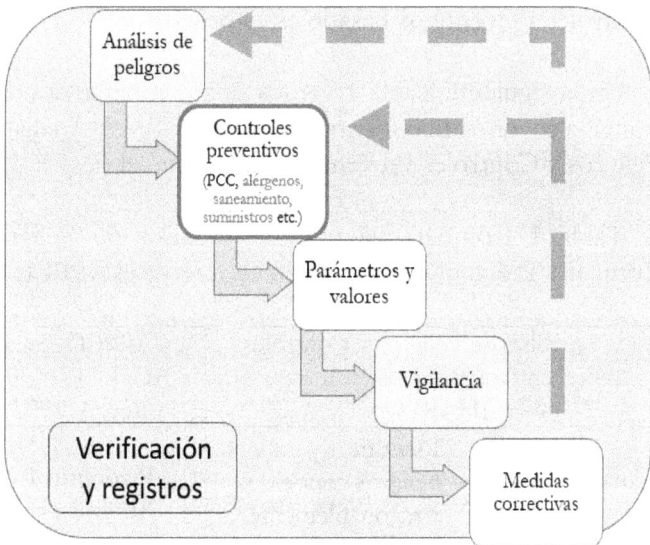

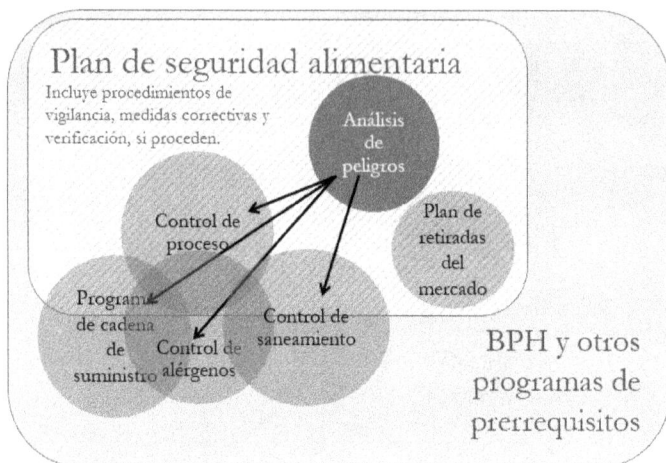

Figura 2. Diferencias entre el Análisis de Peligros y Puntos Críticos de Control y el Análisis de Peligros y Controles Preventivos basado en el riesgo.

En la siguiente Tabla 1 vemos una comparativa con las principales diferencias entre el APPCC y el Análisis de Peligros y Controles Preventivos basado en el riesgo.

Tabla 1 Comparativa entre el Análisis de Peligros y Controles Preventivos basado en el riesgo y el APPCC

Análisis de Peligros y Controles Preventivos Basados en Riesgo (HARPC)		APPCC Anexo al CAC/RCP-1 (1969), Rev. 3 (1997)
Análisis de Peligros	− Identificar y evaluar peligros conocidos y razonablemente probables de acuerdo al tipo de alimento y proceso − Peligros biológicos, químicos (incluidos	**Principio 1** Realizar un análisis de peligros: biológicos, químicos y físicos

	radiológicos) y físicos (21CFR 117.130(b)(1)(ii)	
Controles preventivos	Que permitan asegurar que los peligros identificados que son razonablemente probables de ocurrir pueden ser minimizados o prevenidos de forma significativa. Puntos críticos de control (PCC) más otros puntos de control que no sean PCC o controles de proceso (21 CFR 117.135(a)(2))	**Principio 2** Determinar los puntos críticos de control (PCC)
Parámetros y valores	Parámetros y valores mínimos/máximos para los controles preventivos y los límites críticos de los PCC (21 CFR 117.135(c)(1))	**Principio 3** Establecer un límite o límites críticos para los PCC
Vigilancia	Que permita asegurar que se llevan los controles preventivos tal como se establecieron y se generan registros (21 CFR 117.145)	**Principio 4** Establecer un sistema de vigilancia del control de los PCC
Acciones correctivas	Acciones que deben realizarse si no se tuvo el control o este es inefectivo lo cual implicaría una reevaluación y modificación del Plan	**Principio 5** Establecer las medidas correctivas que han de adoptarse cuando la vigilancia indica que

	(21 CFR 117.150(a)	un determinado PCC no está controlado
Verificación	Que permita asegurar que los controles se llevan a cabo de forma consistente. Incluye el concepto de Validación de que los controles preventivos son efectivos para los peligros identificados y la verificación de proveedores cuando un peligro requiere un control preventivo de proveedores (21 CFR 117.155; 117.160)	**Principio 6** Establecer procedimientos de comprobación para confirmar que el Sistema de APPCC funciona eficazmente Para todos los controles de proceso
Registros	Incluyendo el Análisis de Peligros, así como registros de los controles preventivos, actividades de vigilancia (monitoreo), acciones correctivas y verificación (incluyendo validación) (21 CFR 117.190)	**Principio 7** Establecer un sistema de documentación sobre todos los procedimientos y los registros apropiados para estos principios y su aplicación. Para todos los controles de proceso
Plan de Retirada	Requerido cuando un peligro requiere un control Preventivo identificado (21 CFR 117.139)	No requerido

CAPÍTULO 3. PRINCIPIOS DE LA GESTIÓN DE RIESGOS

Todas las organizaciones deben apuntar al nivel apropiado de desempeño de su marco de gestión de riesgos en línea con la criticidad de las decisiones que se van a tomar. La lista de atributos que se detalla a continuación representa un alto nivel de desempeño en la gestión de riesgos. Pueden ayudar a las organizaciones a medir su propio desempeño frente a estos criterios, y se proporcionan algunos indicadores tangibles para cada atributo:

Mejora continua
Se pone énfasis en la mejora continua en la gestión de riesgos a través del establecimiento de metas de desempeño organizacional, medición, revisión y la subsiguiente modificación de procesos, sistemas, recursos, capacidades y habilidades. Esto puede indicarse por la existencia de objetivos de desempeño explícitos contra los cuales se mide el desempeño de la organización y del gerente individual. Habrá una revisión periódica del desempeño y luego una revisión de los procesos y el establecimiento de unos objetivos de desempeño revisados para el período siguiente.

Responsabilidad total por los riesgos
La gestión de riesgos incluye una rendición de cuentas integral, completamente definida y totalmente aceptada para las tareas de riesgos, controles y tratamiento de riesgos. Las personas designadas aceptan plenamente la responsabilidad, tienen las habilidades adecuadas y cuentan con los recursos adecuados para verificar los controles, monitorear los riesgos, mejorar los controles y comunicar de manera

efectiva los riesgos y su gestión a las partes interesadas externas e internas. La organización se asegura de que quienes son responsables estén equipados para cumplir esa función brindándoles la autoridad, el tiempo, la capacitación, los recursos y las habilidades suficientes para asumir sus responsabilidades.

Aplicación de la Gestión de Riesgos en la toma de decisiones

Toda toma de decisiones dentro de la organización, cualquiera que sea el nivel de importancia y trascendencia, implica la consideración explícita de los riesgos y la aplicación de la gestión de riesgos en un grado adecuado. Dentro de la organización, se considera que la gestión de riesgos con una base sólida proporciona la base para una gobernanza eficaz.

Comunicaciones continuas

La gestión de riesgos incluye comunicaciones continuas con las partes interesadas externas e internas, incluidos informes completos y frecuentes sobre el desempeño de la gestión de riesgos, como parte de una buena gobernanza.

Plena Integración a la Organización. Estructura de gobierno

La gestión de riesgos se considera fundamental para los procesos de gestión de la organización, de modo que los riesgos se consideran en términos del efecto de la incertidumbre sobre los objetivos. La estructura y el proceso de gobierno se basan en la gestión del riesgo. Los gerentes consideran que la gestión eficaz del riesgo es esencial para el logro de los objetivos de la organización.

CAPÍTULO 4. PROCESO DE GESTIÓN DE RIESGOS

4.1 Evaluación de riesgos

La evaluación de riesgos brinda a los responsables de tomar las decisiones de una mejor comprensión de los riesgos que podrían afectar el logro de los objetivos y la adecuación y eficacia de los controles ya establecidos. Consiste en la identificación de peligros y el análisis y evaluación de los riesgos asociados con la exposición a esos peligros. La evaluación de riesgos comienza con una descripción bien definida del problema. Cuando el riesgo en cuestión está bien definido, será más fácil identificar una herramienta adecuada de gestión y los tipos de información que se abordarán. Esto proporciona una base para las decisiones sobre el enfoque más apropiado que se utilizará para tratar los riesgos. El resultado de la evaluación de riesgos es un insumo para los procesos de toma de decisiones de la organización. Como ayuda para definir claramente los riesgos con fines de evaluación de riesgos, a menudo son útiles tres preguntas fundamentales:

1. ¿Qué podría salir mal?
2. ¿Cuál es la probabilidad de que salga mal?
3. ¿Cuáles son las consecuencias (gravedad)?

4.1.1 Identificación de riesgos

La identificación de riesgos es el uso sistemático de la información para identificar los peligros relacionados con la pregunta de riesgo o la descripción del problema. La información puede incluir datos históricos, análisis teóricos, opiniones informadas y las preocupaciones de las partes interesadas. La identificación de riesgos aborda la pregunta **"¿Qué podría salir mal?"** incluida la identificación de las posibles consecuencias. Esto proporciona la base para pasos posteriores en el proceso de gestión de riesgos.

La organización debería identificar las fuentes de riesgo, sus causas y sus posibles consecuencias. El objetivo de este paso es generar una lista completa de riesgos basada en aquellos sucesos que podrían crear, mejorar, prevenir, degradar, acelerar o retrasar el logro de los objetivos. Una identificación integral es fundamental porque un riesgo que no se identifique en esta etapa no se incluirá en un análisis posterior. Una vez que se identifica un riesgo, la organización debe identificar cualquier control existente, como características de diseño, personas, procesos y sistemas.

La identificación debe incluir los riesgos, ya sea que su fuente esté o no bajo el control de la organización, e incluso cuando la fuente o causa del riesgo no sea evidente. La identificación del riesgo debe incluir el examen de los efectos o consecuencias indirectos, incluidos los efectos en cascada y acumulativos. También debe considerar una amplia gama de consecuencias, incluso si la fuente o la causa del riesgo pueden no ser evidentes. Además de identificar lo que puede suceder, es necesario considerar posibles causas y escenarios que muestren qué consecuencias pueden ocurrir. Todas las causas y consecuencias significativas deben ser consideradas.

La organización debería aplicar herramientas y técnicas de identificación de riesgos que se adapten a sus objetivos y capacidades, y a los riesgos que enfrenta. La información relevante y actualizada es importante para identificar los riesgos. En la identificación de los riesgos debería participar personal con los conocimientos y la formación adecuados.

Los métodos de identificación de riesgos pueden incluir:

- métodos basados en evidencias, como listas de verificación y revisiones de datos históricos.
- enfoques sistemáticos en equipo seguidos por un equipo de expertos.
- un proceso sistemático para identificar riesgos por medio de un conjunto estructurado de indicaciones o preguntas.

Se pueden utilizar diversas técnicas de apoyo para mejorar la precisión y la exhaustividad en la identificación de riesgos, incluidas la "tormenta de ideas" o "brainstorming". Independientemente de las técnicas reales empleadas, es importante que se reconozcan debidamente los factores humanos y organizativos al identificar el riesgo. Por lo tanto, las desviaciones de los factores humanos y organizacionales de lo esperado deben incluirse en el proceso de identificación de riesgos, así como los sucesos de "hardware" o "software".

Análisis preliminar. Los riesgos pueden examinarse para identificar aquellos que son más significativos o para excluir riesgos menores o menos significativos en un análisis posterior. El propósito es asegurar que los recursos se centren en los riesgos más importantes. Se debe tener especial cuidado al considerar los riesgos bajos debido a que si ocurren con frecuencia, pueden tener un efecto acumulativo importante. La selección debe basarse en criterios definidos en el contexto, y los supuestos y los resultados iniciales deben documentarse. El análisis preliminar determina uno o más de los siguientes cursos de acción:

- Decidir tratar los riesgos sin una evaluación adicional.
- Dejar de lado los riesgos insignificantes que no justificarían el tratamiento.

- Continuar con una evaluación de riesgos más detallada.

4.1.2 Análisis de riesgos

El análisis de riesgos es la estimación del riesgo asociado con los peligros identificados. Es el proceso cualitativo o cuantitativo de vincular la probabilidad de ocurrencia y la gravedad de los daños. En algunas herramientas de gestión de riesgos, la capacidad de detectar el daño (conocida como detectabilidad) es otro factor a considerar en la estimación del riesgo.

El análisis de riesgos implica desarrollar una comprensión del riesgo. El análisis de riesgos proporciona información para la evaluación de los riesgos y para tomar las decisiones sobre si es necesario tratarlos y sobre las estrategias y los métodos de tratamiento más apropiados. El análisis de riesgos también puede proporcionar información para tomar decisiones en las opciones que se deben elegir y si estas opciones implican diferentes tipos y niveles de riesgo.

El análisis de riesgos implica la consideración de las causas y las fuentes de riesgo, sus consecuencias y la probabilidad de que esas consecuencias puedan ocurrir. Deben identificarse los factores que afectan a las consecuencias y a la probabilidad. El riesgo se analiza determinando las consecuencias y su probabilidad, y también otros atributos del riesgo. Un suceso puede tener múltiples consecuencias y puede afectar a múltiples objetivos. Los controles o barreras existentes y su eficacia y eficiencia también deben incluirse en este análisis.

La forma en que se expresan las consecuencias y la probabilidad y la forma en que se combinan para determinar un nivel de riesgo, debe reflejar el tipo de riesgo, la información disponible y el propósito para el que se utilizará el resultado de la evaluación de riesgos. Todo esto debe ser consistente con los criterios de riesgo. También es importante considerar la interdependencia de los diferentes riesgos y sus fuentes. La confianza en la determinación del nivel de riesgo y su sensibilidad a las condiciones previas y supuestos debe ser considerada en el análisis y debe de ser comunicada de manera efectiva a las personas que toman las decisiones y, según corresponda, a otras partes interesadas. Factores como la divergencia de opinión entre expertos, incertidumbre, disponibilidad, calidad, cantidad y pertinencia continua de la información, o las limitaciones en el modelado, deben indicarse y pueden resaltarse.

El análisis de riesgos se puede realizar con diversos grados de detalle según el riesgo, el propósito del análisis y la información, los datos y los recursos disponibles. El análisis puede ser cualitativo, semicuantitativo o cuantitativo, o bien una combinación de estos, según las circunstancias. Las consecuencias y su probabilidad pueden determinarse modelando los resultados de un suceso o un conjunto de sucesos, o por extrapolación de estudios experimentales o de datos disponibles. Las consecuencias pueden expresarse en términos de impactos tangibles e intangibles.

Es posible que se requiera más de una técnica para aplicaciones complejas. El análisis de riesgos normalmente incluye una estimación del rango de potenciales consecuencias que podrían surgir de un suceso, situación o circunstancia, y sus probabilidades asociadas, para medir el nivel de riesgo. Sin embargo, en algunos casos, como cuando es probable que las consecuencias sean insignificantes o se espera que la probabilidad sea extremadamente baja, la estimación de un solo parámetro puede ser suficiente para tomar una decisión. En algunas circunstancias, una consecuencia puede ocurrir como resultado de una variedad de sucesos o de condiciones diferentes, o cuando no se identifica el suceso específico. En este caso, el enfoque de la evaluación de riesgos será analizar la importancia y vulnerabilidad de los componentes del sistema con miras a definir tratamientos que se relacionen con los niveles de protección o con estrategias de recuperación.

Los métodos utilizados en el análisis de riesgos pueden ser cualitativos, semicuantitativos o cuantitativos. El grado de detalle requerido dependerá de la aplicación particular, la disponibilidad de datos fiables y las necesidades de toma de decisiones de la organización. La legislación puede prescribir algunos métodos y el grado de detalle del análisis. La evaluación cualitativa define la consecuencia, la probabilidad y el nivel de riesgo por niveles significativos como "alto", "medio" y "bajo", puede combinar consecuencia y probabilidad, y evalúa el nivel de riesgo resultante contra criterios cualitativos. Los métodos semicuantitativos usan escalas de calificación numérica para consecuencia y probabilidad, y las combinan para producir un nivel de riesgo usando una fórmula. Las escalas pueden ser lineales o logarítmicas, o tener alguna otra relación; las fórmulas utilizadas también pueden variar.

El análisis cuantitativo estima valores prácticos para las consecuencias y sus probabilidades, y produce valores del nivel de riesgo en unidades específicas definidas al desarrollar el contexto. El análisis cuantitativo completo puede no ser siempre posible o deseable debido a que se disponga de información insuficiente sobre el sistema o la actividad que se analiza, la falta de datos, la influencia de factores humanos, etc., o porque el esfuerzo del análisis cuantitativo no está justificado o no es requerido. En tales circunstancias, una clasificación semicuantitativa o cualitativa comparativa de los riesgos por parte de especialistas, conocedores de sus respectivos campos, puede ser eficaz. En los casos en que el análisis sea cualitativo, debe haber una explicación clara de todos los términos empleados y debe registrarse la base de todos los criterios.

Incluso cuando se ha llevado a cabo una cuantificación completa, es necesario reconocer que los niveles de riesgo calculados son estimaciones. Se debe tener cuidado para garantizar que no se les atribuya un nivel de exactitud y precisión incompatible con la exactitud de los datos y métodos empleados. Los niveles de riesgo deben expresarse en los términos más adecuados para el tipo de riesgo y de una forma que ayude a la evaluación del riesgo. En algunos casos, la gravedad de un riesgo se puede expresar como una distribución de probabilidad sobre un rango de consecuencias.

4.1.2.1 Evaluación de controles

El nivel de riesgo dependerá de la adecuación y eficacia de los controles existentes.

Las preguntas que se han de abordar incluyen:

- ¿Cuáles son los controles existentes para un riesgo en particular?
- ¿Son esos controles capaces de tratar adecuadamente el riesgo para que sea controlado a un nivel que sea tolerable?
- ¿Funcionan los controles de la manera prevista y se puede demostrar que son efectivos cuando se requiere?

El nivel de efectividad de un control en particular, o conjunto de controles relacionados, puede expresarse cualitativa, semicuantitativa o cuantitativamente. En la mayoría de los casos, no se garantiza un alto nivel de precisión. Sin embargo, puede ser valioso expresar y registrar una medida de la efectividad del control de riesgos para que se puedan hacer juicios sobre si el esfuerzo se utiliza mejor en mejorar un control o en proporcionar un tratamiento de riesgo diferente.

El análisis de las consecuencias determina la naturaleza y el tipo de impacto que podría ocurrir suponiendo que haya ocurrido un suceso, situación o circunstancia en particular. Un suceso puede tener una variedad de impactos de diferentes magnitudes y puede afectar a una variedad de objetivos diferentes y a diferentes partes interesadas. Los tipos de consecuencias a analizar y los actores afectados se habrán decidido cuando se estableció el contexto. El análisis de consecuencias puede variar desde una simple descripción de los resultados hasta un modelo cuantitativo detallado o un análisis de vulnerabilidad.

Los impactos pueden tener una consecuencia baja pero una alta probabilidad, o una consecuencia alta y una probabilidad baja, o algún resultado intermedio. En algunos casos, es apropiado centrarse en los riesgos con resultados potencialmente muy grandes, ya que a menudo son los que más preocupan a los gerentes. En otros casos puede ser importante analizar los riesgos de alto y bajo impacto por separado. Por ejemplo, un problema frecuente (crónico) pero de bajo impacto puede tener grandes efectos acumulativos a largo plazo. Además, las acciones de tratamiento para hacer frente a estos dos tipos distintos de riesgos suelen ser bastante diferentes, por lo que es útil analizarlos por separado.

El análisis de las consecuencias puede implicar:

- Tomar en consideración los controles existentes para tratar las consecuencias, junto con todos los factores contribuyentes relevantes que tienen un efecto sobre las consecuencias.

- Relacionar las consecuencias del riesgo con los objetivos originales.

- Considerar tanto las consecuencias inmediatas como las que puedan surgir después de transcurrido un cierto tiempo, si esto es consistente con el alcance de la evaluación.

- Considerar las consecuencias secundarias, como las que afectan a los sistemas, actividades, equipos u organizaciones asociados.

4.1.2.2 Estimación del Riesgo: Análisis de Gravedad y Probabilidad

Se pueden utilizar varios métodos para estimar el riesgo. La estimación cuantitativa del riesgo es preferible cuando se dispone de los datos adecuados. En otros casos, sin datos adecuados, se pueden utilizar métodos cualitativos de estimación del riesgo. La estimación del riesgo se basa en la combinación de los siguientes dos componentes:

* La probabilidad de ocurrencia del daño.
* Las consecuencias de ese daño (es decir, cómo de grave podría ser).

Un tercer elemento frecuentemente considerado es la detectabilidad de la situación de daño. Los niveles de gravedad y la estimación de la probabilidad deben ser parte de un procedimiento formal de evaluación de riesgos, lo que ayudará a guiar el proceso de evaluación de riesgos y brindará consistencia a lo largo del proceso.

Análisis de gravedad. Para categorizar la gravedad del daño potencial, se deben desarrollar descriptores apropiados para el riesgo potencial y las consecuencias relacionadas. Las Tablas 2 y 3 proporcionan ejemplos de categorización de la gravedad.

Tabla 2. Ejemplo de niveles básicos de gravedad.

Categoría	Descripción
Crítica	Muerte o daño mayor
Moderada	Daño reversible o daño menor
Negligible	No causa daño

Tabla 3. Categorización de gravedad.

Severidad	Seguridad del consumidor
Catastrófico (5)	Muerte
Crítico (4)	Amenaza a la vida o daño permanente
Mayor (3)	Daño que requiere intervención médica

Menor (2)	Daño transitorio que no requiere tratamiento médico
Negligible (1)	Daño inapreciable

Estimación de Probabilidad. Se pueden emplear tres enfoques generales para estimar la probabilidad; pueden ser utilizados individualmente o en conjunto:

Los *datos históricos relevantes* se pueden utilizar para identificar sucesos o situaciones que han ocurrido en el pasado y, por lo tanto, se pueden utilizar para extrapolar la probabilidad de su ocurrencia en el futuro.

Los datos utilizados deben ser pertinentes para el tipo de sistema, instalación, organización o actividad que se esté considerando y para los estándares operativos de la organización involucrada. Si históricamente hay una frecuencia de ocurrencia muy baja, cualquier estimación de probabilidad será muy incierta. Esto aplica especialmente para ocurrencias cero, cuando uno no puede asumir que el suceso, situación o circunstancia no ocurrirá en el futuro.

Estimación de probabilidades utilizando técnicas predictivas como el análisis de árbol de fallos. Cuando los datos históricos no están disponibles o son inadecuados, es necesario derivar la probabilidad mediante el análisis del sistema, la actividad, el equipo o la organización y sus estados asociados de fallo o éxito. Se combinan datos numéricos para equipos, con los recursos humanos, organizaciones y sistemas a partir de la experiencia operativa o de fuentes de datos publicadas, para producir una estimación de la probabilidad del suceso principal. Cuando se utilizan técnicas predictivas, es importante asegurar que se ha tenido en cuenta en el análisis, la posibilidad de fallos que comúnmente involucran un fallo coincidente en varias partes o en componentes diferentes dentro del sistema y que surgen de la misma causa. Es posible que se requieran técnicas de simulación para generar la probabilidad de equipos y fallos estructurales debido al envejecimiento y otros procesos de degradación mediante el cálculo de los efectos de las incertidumbres.

La *opinión de expertos* se puede utilizar en un proceso sistemático y estructurado para estimar la probabilidad. Los juicios de expertos deben basarse en toda la información relevante disponible, incluida la histórica, específica del sistema, específica de la organización, experimental, de diseño, etc. Hay varios métodos formales para obtener el juicio de expertos que proporcionan una ayuda para la formulación de las preguntas más apropiadas. Los métodos disponibles incluyen comparaciones pareadas, clasificación de categorías y juicios de probabilidad absoluta. Las Tablas 4 y 5 muestran dos ejemplos de estimación de probabilidad utilizando índices cualitativos y cuantitativos.

Incertidumbre. A menudo existen considerables incertidumbres asociadas con el análisis de riesgo. Es necesario comprender las incertidumbres para interpretar y comunicar los resultados del análisis de riesgos de una manera eficaz. El análisis de las incertidumbres asociadas a los datos, métodos y modelos utilizados para identificar y analizar el riesgo juega un papel importante en su aplicación. El análisis de incertidumbre involucra la determinación de la variación o imprecisión en los resultados que es el resultado de la variación colectiva en los parámetros y supuestos usados para definir los resultados.

Tabla 4. Ejemplo de niveles de probabilidad.

Categoría	Descripción
Alta	Puede ocurrir (a menudo, frecuentemente)
Media	Puede ocurrir pero no es frecuente
Baja	Improbable (raro, remoto)

Tabla 5. Niveles cuantitativos de probabilidad. Fuente ISO 14971:2019.

Severidad	Seguridad del consumidor
Frecuente	$< 10^{-3}$
Probable	$< 10^{-3}$ y $> 10^{-4}$
Ocasional	$< 10^{-4}$ y $> 10^{-5}$
Remoto	$< 10^{-5}$ y $> 10^{-6}$
Improbable	$< 10^{-6}$

4.1.3 Evaluación de riesgos

La evaluación de riesgos compara el riesgo identificado y analizado con los criterios de riesgo dados y, en base a esta comparación, se puede considerar la necesidad de un control. El propósito de la evaluación de riesgos es ayudar a tomar decisiones, con base en los resultados del análisis de riesgos, sobre qué riesgos necesitan tratamiento y la prioridad para la implementación del tratamiento.

El resultado de una evaluación de riesgos es una estimación cuantitativa del riesgo o una descripción cualitativa de un rango de riesgo. Cuando el riesgo se expresa cuantitativamente, se utiliza una probabilidad numérica. Alternativamente, el riesgo se puede expresar utilizando descriptores cualitativos, como "alto", "medio" o "bajo", que deben definirse con el mayor detalle posible. A veces, se utiliza una puntuación de riesgo para definir mejor los descriptores en la clasificación de riesgos.

Las decisiones deben tener en cuenta el contexto más amplio del riesgo e incluir la consideración de la tolerancia de los riesgos asumidos por las diferentes partes de la organización que se benefician. Las decisiones deben tomarse de acuerdo con los requisitos legales, reglamentarios y de otro tipo. En algunas circunstancias, la evaluación de riesgos puede conducir a la decisión de realizar un análisis más detallado. La evaluación del riesgo también puede llevar a la decisión de no tratar el riesgo de otra manera que no sea manteniendo los controles existentes.

Las decisiones pueden incluir:
- Si un riesgo necesita tratamiento (para ser controlado)
- Prioridades de tratamiento
- Si se debe emprender una actividad
- ¿Cuál de una serie de caminos debe seguirse?

La naturaleza de las decisiones que deben tomarse y los criterios que se utilizarán para tomar esas decisiones se decidieron al establecer el contexto, pero deben revisarse con más detalle en esta etapa, ahora que se sabe más sobre el riesgo en particular identificado.

El marco más simple para definir los criterios de riesgo, es un nivel único que divide los riesgos que necesitan tratamiento de los que no. Esto ofrece resultados atractivamente simples pero no refleja las incertidumbres involucradas tanto en la estimación de riesgos como en la definición del límite entre aquellos que necesitan tratamiento y aquellos que no.

La decisión sobre si y sobre cómo tratar el riesgo puede depender de los costes y beneficios de asumir el riesgo y los costes y beneficios de implementar mejores controles.

Un enfoque común es dividir los riesgos en tres zonas (ver Figura 2).

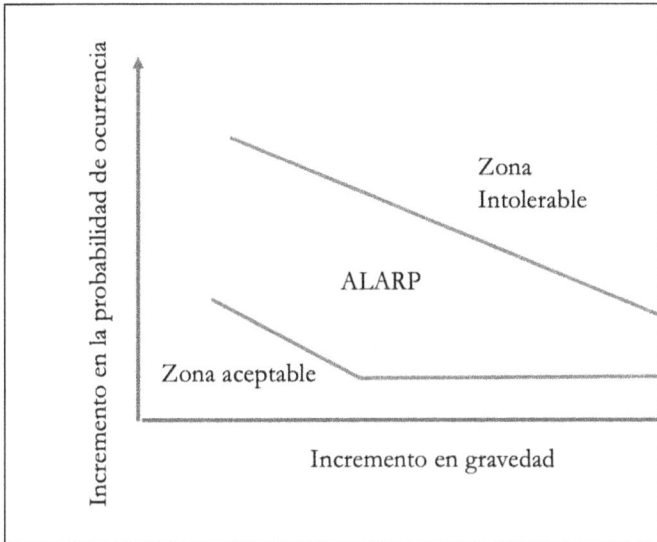

Figura 3.. Estimación del riesgo

Hay una zona superior donde el nivel de riesgo se considera intolerable independientemente de los beneficios que pueda aportar, y el tratamiento del riesgo es esencial cualquiera que sea su coste.

Una zona intermedia donde se consideran los costes y los beneficios y se equilibran las oportunidades con las posibles consecuencias.

Una zona inferior en la que el nivel de riesgo se considera insignificante o tan pequeño que no se necesitan medidas de tratamiento del riesgo.

El criterio "**tan bajo como sea razonablemente posible**", o ALARP, utilizado en aplicaciones de seguridad sigue este enfoque: en la zona media hay una escala móvil para riesgos bajos donde los costes y beneficios pueden compararse directamente, mientras que para riesgos altos el potencial de daño debe reducirse hasta que el coste de una mayor reducción sea completamente desproporcionado con respecto al beneficio de seguridad obtenido.

4.2 Control de riesgo

El control de riesgos incluye la toma de decisiones para reducir y/o aceptar riesgos. El propósito del control de riesgos es reducir el riesgo a un nivel aceptable. La cantidad de esfuerzo utilizado para el control de riesgos debe ser proporcional a la importancia del riesgo. Las personas que están en cargos decisorios pueden usar diferentes procesos, incluido el análisis de coste-beneficio, para determinar cual es el nivel óptimo de control de riesgos. El control de riesgos podría centrarse en las siguientes preguntas:

- ¿El riesgo está por encima de un nivel aceptable?
- ¿Qué se puede hacer para reducir o eliminar los riesgos?
- ¿Cuál es el equilibrio adecuado entre beneficios, riesgos y recursos?
- ¿Se crean nuevos riesgos como resultado del control de los riesgos identificados?

4.2.1 Reducción de riesgos

La reducción de riesgos se centra en los procesos para mitigar o evitar el riesgo de calidad/seguridad cuando supera un nivel especificado (aceptable). La reducción de riesgos puede incluir acciones tomadas para mitigar la gravedad y la probabilidad de daño. Los procesos que mejoran la detectabilidad de los peligros y los riesgos de calidad/seguridad también pueden utilizarse como parte de una estrategia de control de riesgos. La implementación de medidas de reducción de riesgos puede introducir nuevos riesgos en el sistema o pueden aumentar la importancia de otros riesgos existentes. Por lo tanto, podría ser apropiado revisar la evaluación de riesgos para identificar y evaluar cualquier posible cambio en el riesgo después de implementar un proceso de reducción de riesgos.

El tratamiento del riesgo implica seleccionar una o más opciones para modificar los riesgos e implementar esas opciones. Una vez implementados, los tratamientos proporcionan o modifican los controles. El tratamiento del riesgo implica un proceso cíclico de:

- Evaluación de un tratamiento de riesgo
- Decidir si son tolerables los niveles de riesgo residual
- Si no es tolerable, generar un nuevo tratamiento del riesgo
- Evaluar la efectividad de ese tratamiento

Veamos un ejemplo de cómo la detectabilidad se aplica por ejemplo en el etiquetado de los alimentos para la reducción del riesgo. Determinados ingredientes u otras sustancias o productos (como los coadyuvantes tecnológicos), cuando se utilizan en la producción de alimentos y siguen estando presentes en el producto acabado, pueden provocar alergias o intolerancias en algunas personas, y algunas de estas alergias o intolerancias representan un riesgo para la salud de las personas afectadas. Es por ello que es importante que se facilite información sobre su presencia para que los consumidores, especialmente para que aquellos que sufran una alergia o intolerancia alimentaria, elijan con conocimiento de causa las opciones que sean seguras para ellos.

En base a ello y en cumplimiento del art 21 Reglamento (UE) nº 1169/2011, los fabricantes de alimentos que contienen sustancias o productos que causan alergias o intolerancias han indicarlo en el etiquetado, en la lista de ingredientes de un modo que destaque mediante una composición tipográfica que la diferencie claramente del resto, por ejemplo mediante el tipo de letra, el estilo o el color de fondo. Si no hay lista de ingredientes han de incluir la palabra "contiene" seguida del nombre de la sustancia o el producto.

Selección de opciones de tratamiento de riesgos. La selección de la opción de tratamiento de riesgos más adecuada implica sopesar los costes y los esfuerzos de la implementación frente a los beneficios derivados, con respecto a los requisitos legales o reglamentarios. Se pueden considerar y aplicar varias opciones de tratamiento, ya sea individualmente o en combinación. La organización normalmente puede beneficiarse de la adopción de una combinación de opciones de tratamiento.

Al seleccionar las opciones de tratamiento de riesgos, la organización debe considerar los valores y percepciones de las partes interesadas y las formas más adecuadas de comunicarse con ellos. Cuando las opciones de tratamiento del riesgo puedan tener un impacto en el riesgo de otras unidades de la organización o de las partes interesadas, estas deben participar en la decisión.

Aunque sean igualmente efectivos, algunos tratamientos de riesgo pueden ser más aceptables para algunas partes interesadas que para otras. El plan de tratamiento debe identificar claramente el orden de prioridad en el que se deben implementar los tratamientos de riesgo individuales. El tratamiento de riesgos en sí mismo puede introducir riesgos. Un riesgo importante puede ser el fracaso o la ineficacia de las medidas de tratamiento del riesgo. La vigilancia debe ser una parte integral del plan de tratamiento de riesgos para garantizar que las medidas sigan siendo efectivas. El tratamiento de riesgos también puede introducir riesgos secundarios que necesitan ser evaluados, tratados, vigilados y revisados. Los planes de tratamiento deben integrarse con los procesos de gestión de la organización y discutirse con las partes interesadas apropiadas. Las personas que han de tomar decisiones deben ser conscientes de la naturaleza y el alcance del riesgo residual después del tratamiento del riesgo. El riesgo residual debe documentarse y someterse a seguimiento, revisión y, en su caso, a un tratamiento adicional.

4.2.2 Aceptación del riesgo

La aceptación del riesgo es la decisión de aceptar el riesgo. La aceptación del riesgo puede ser una decisión formal de aceptar el riesgo residual o puede ser una decisión pasiva en la que no se especifican los riesgos residuales. Para algunos tipos de daños, incluso las prácticas de gestión de riesgos para una mejor calidad/seguridad podrían no eliminar el riesgo. En estas circunstancias, podría acordarse que se ha aplicado una estrategia adecuada de gestión del riesgo y que el riesgo se reduce a un nivel especificado (aceptable). Este nivel aceptable (especificado) dependerá de muchos parámetros y debe determinarse caso por caso.

4.3 Documentación y comunicación de riesgos

La comunicación de riesgos es el intercambio de información sobre riesgos y gestión de los riesgos entre quienes toman las decisiones y las otras partes interesadas. Las partes pueden comunicarse en cualquier etapa del proceso de gestión de riesgos. El producto/resultado del proceso de gestión de riesgos debe comunicarse y documentarse adecuadamente. Las comunicaciones pueden incluir a todas las partes interesadas (por ejemplo, los legisladores y la industria, la industria y el consumidor, dentro de una empresa, industria o autoridades sanitarias). La información incluida puede estar relacionada con la existencia, naturaleza, forma, probabilidad, gravedad, aceptabilidad, control, detectabilidad u otros aspectos de los riesgos para la calidad/seguridad. No es necesario realizar una comunicación para cada aceptación del riesgo. Entre la industria y las autoridades sanitarias, la comunicación sobre las decisiones de gestión de riesgos puede efectuarse a través de los canales existentes, como se especifica en las reglamentaciones.

Al igual que con cualquier actividad importante relacionada con los productos alimenticios, las actividades de gestión de riesgos deben ser rastreables.

Las decisiones relativas a la creación de registros deben considerar:

- Las necesidades de aprendizaje continuo de la organización
- Los beneficios de reutilizar la información con fines de gestión
- Los costes y esfuerzos involucrados en la creación y mantenimiento de registros
- Los requisitos legales y reglamentario (por ejemplo, período de retención) y la necesidad de registros

El proceso de evaluación de riesgos debe documentarse junto con los resultados de la evaluación. Los riesgos deben expresarse en términos comprensibles, y las unidades en las que se expresa el nivel de riesgo deben ser claras. La extensión del informe dependerá de los objetivos y el alcance de la evaluación. El contenido del informe debe estar descrito dentro de un procedimiento estándar y, salvo valoraciones muy simples, la documentación debe incluir:

- Objetivos y alcance
- Descripción de las partes relevantes del sistema y sus funciones
- La situación, el sistema o las circunstancias que se están evaluando
- Criterios de riesgo aplicados y su justificación
- Metodología de evaluación
- Resultados de la identificación de riesgos
- Datos, suposiciones y sus fuentes y validación
- Resultados del análisis de riesgos y su evaluación
- Supuestos críticos (incluido el análisis de incertidumbre) y otros factores que necesitan ser vigilados

– Discusión de resultados, conclusiones y recomendaciones

Si la evaluación de riesgos respalda un proceso continuo de gestión de riesgos, debe realizarse y documentarse de tal manera que pueda mantenerse durante todo el ciclo de vida del sistema, organización, equipo o actividad. La evaluación debe actualizarse a medida que se disponga de nueva información significativa y cambie el contexto, de acuerdo con las necesidades del proceso de gestión.

4.4 Vigilancia de riesgo y revisión de la eficacia

La gestión de riesgos debe ser una parte continua del proceso de gestión de calidad/seguridad alimentaria. Se debe implementar un mecanismo para revisar o vigilar los sucesos. Los productos/resultados del proceso de gestión de riesgos deben revisarse para tener en cuenta los nuevos conocimientos y experiencias que vayan surgiendo. Una vez que se ha iniciado un proceso de gestión de riesgos, ese proceso debe continuar utilizándose para sucesos que podrían afectar la decisión original de la gestión de riesgos, bien porque estos sucesos estén planificados (por ejemplo, resultados de revisión de productos, inspecciones, auditorías, control de cambios) o no estén planificados (por ejemplo, causa raíz de investigaciones de fallos, retirada de productos). La frecuencia de cualquier revisión debe basarse en el nivel de riesgo. La revisión de riesgos puede incluir la reconsideración de decisiones de aceptación de riesgos tomadas previamente.

Como parte del proceso de gestión de riesgos, los riesgos y controles deben vigilarse y revisarse periódicamente para verificar lo siguiente:

- Las suposiciones sobre los riesgos siguen siendo válidas
- Los supuestos en los que se basa la evaluación de riesgos, incluido el contexto externo e interno, siguen siendo válidos
- Se están logrando los resultados esperados
- Los resultados de la evaluación de riesgos están en línea con la experiencia real
- Las técnicas de evaluación de riesgos se están aplicando correctamente
- Los tratamientos de riesgo son efectivos

La responsabilidad del seguimiento y la realización de revisiones debe establecerse como parte de un procedimiento formal. El proceso de evaluación de riesgos resaltará el contexto y otros factores que podrían variar con el tiempo y que podrían cambiar o invalidar la evaluación de riesgos. Estos factores deben identificarse específicamente para la vigilancia y la revisión continua, de modo que la evaluación de riesgos pueda actualizarse cuando sea necesario. También se deben identificar y recopilar los datos que se vigilarán para perfilar la evaluación de riesgos. La efectividad de los controles también debe vigilarse y documentarse para proporcionar datos para su uso en el análisis de riesgos. Deben definirse las responsabilidades para crear y revisar la evidencia y la documentación. El progreso en la implementación de planes de tratamiento de riesgos proporciona una medida del desempeño. Los resultados pueden incorporarse a las actividades generales de gestión, medición y presentación de informes externos e internos del desempeño de la organización.

CAPÍTULO 5. INTEGRACIÓN DE LA GESTIÓN DE RIESGOS CON LA GESTIÓN DE CALIDAD/SEGURIDAD ALIMENTARIA

La gestión de riesgos es un proceso que respalda las decisiones prácticas y están basadas en la ciencia cuando se integra en los sistemas de gestión de calidad/seguridad alimentaria. Como se describió en la introducción, el uso apropiado de la gestión de riesgos no elimina la obligación de la industria de cumplir con los requisitos reglamentarios. Sin embargo, una gestión eficaz del riesgo puede facilitar que se tomen mejores decisiones y más documentadas, puede proporcionar a las autoridades sanitarias una mayor garantía de la capacidad de una empresa para hacer frente a los riesgos potenciales y podría afectar el alcance y el nivel de la supervisión directa del control oficial. Además, la gestión de riesgos puede facilitar un mejor uso de los recursos por parte de las autoridades sanitarias y de los fabricantes (ver capítulo 6).

La capacitación en procesos de gestión de riesgos proporciona una mayor comprensión de los procesos de toma de decisiones y genera confianza en los resultados de la gestión de riesgos. La gestión de riesgos debe integrarse en las operaciones existentes y debe documentarse adecuadamente. En el capítulo 8 puede profundizar acerca de los usos potenciales de los principios y herramientas de gestión de riesgos.

5.1 Sistema CAPA basado en el riesgo

El sistema CAPA[4] es un mecanismo de control basado en riesgos. Un sistema CAPA bien diseñado e implementado de manera efectiva proporciona una fuente fiable de datos de calidad/seguridad de manera oportuna.

Teniendo en cuenta los principios de gestión de riesgos, se deben responder algunas preguntas:

- ¿Necesitamos investigar cada desviación/no conformidad?
- ¿Siempre necesitamos acciones correctivas y preventivas?
- ¿Cuánto tiempo es aceptable para que una industria elimine un problema aplicando acciones correctivas y/o preventivas?

CAPA y gestión de riesgos son dos conceptos entrelazados que no se pueden separar. Todas nuestras decisiones con respecto a CAPA deben filtrarse a través del sistema de gestión de riesgos. Respondamos ahora a las preguntas anteriores.

¿Necesitamos investigar cada desviación o no conformidad?
La respuesta es sí. Cada vez que detectamos algún tipo de "problema" es necesario investigarlo y documentarlo. Repitiendo el concepto principal del sistema CAPA, la

---

[4] Para más profundidad consultar libro de los autores: CAPA: Acciones correctivas y preventivas en las industrias alimentarias. Editorial Díaz de Santos 2019. ISBN: 978-84-9052-2015-8.

mejora continua requiere un análisis del problema para descubrir su causa raíz antes de que podamos implementar acciones que eviten que vuelva a ocurrir. Para poder solucionar un problema, primero debemos descubrir sus causas. Sin algún tipo de investigación o evaluación, la probabilidad de que podamos llegar a las verdaderas causas raíz(es) (causas fundamentales) es baja. Sin embargo, los recursos no son ilimitados y, definitivamente, no todos los temas tienen la misma trascendencia. A veces será necesaria una investigación muy profunda, mientras que otras veces será aceptable una simple investigación, seguida de un análisis de tendencias u otras herramientas apropiadas. Por lo tanto, debemos priorizar, y la evaluación de riesgos es una de las mejores herramientas que podemos utilizar para este propósito. La importancia del producto o del problema se puede evaluar considerando, por ejemplo, los criterios descritos en la Tabla 6.

Tabla 6. Criterios de evaluación de riesgos en CAPA.

Criterio	Categorías
¿Tiene repercusión el problema en la salud del consumidor?	– **Crítico:** causa muerte o afección grave en la salud – **Marginal:** efectos menores – **Inapreciable:** sin efectos en la salud

¿Qué categoría tiene el producto? (según necesiten o no refrigeración)	– **Grupo A** son alimentos potencialmente peligrosos, que deben refrigerarse por razones de seguridad. No han recibido tratamiento previo y no tienen conservantes – **Grupo B** son productos que están destinados a ser refrigerados, pero que no representan un peligro para la seguridad si se abusa de la temperatura – **Grupo C** son los alimentos que no suponen un peligro para la seguridad incluso después de la apertura si se abusa de la temperatura pero que pueden experimentar un deterioro más rápido de la calidad si no se refrigeran
¿Causa el problema un fallo en el cumplimiento de las especificaciones del producto?	– Si en la especificación final – No en la especificación final – Afecta especificaciones de aceptación en recepción – Afecta a la validez de la especificación
¿Afecta al etiquetado del producto?	– Etiquetado final incorrecto (lote, fecha caducidad, alérgenos, instrucciones de uso) – No
¿Cuál es la frecuencia de presentación del problema?	– Primera vez – Ocasional – Frecuente
¿Está cambiando la tendencia?	– Mejorando – Empeorando

¿Cómo es de difícil detectar el problema?	– No detectable por el fabricante (lo detecta el cliente) – Se detecta antes de la distribución (se detecta por operadores de reparto) – Se detecta en el proceso (en las inspecciones)
¿Representa un riesgo de incumplimiento regulatorio: adulterado o mal etiquetado?	– Producto adulterado o/y mal etiquetado – Producto liberado antes de completar la revisión de los registros

En cuanto a la segunda pregunta: *¿siempre necesitamos acciones correctivas y preventivas?* Si investigaste y descubriste las causas fundamentales del problema, sería un atrevimiento no solucionarlas.

Es verdad que la mayoría de las industrias alimentarias realizan algún tipo de evaluación de riesgo, basada normalmente en la gravedad y en la frecuencia de presentación del problema. Aquellas situaciones cuya frecuencia de presentación es ocasional o rara y la gravedad es muy baja, puede que no requieran una investigación muy extensa. Aun así, esta evaluación ha de estar documentada ya que es el modo que tenemos de demostrar con evidencias objetivas que un determinado problema, aunque haya tenido una frecuencia de presentación escasa y cuya gravedad sea insignificante, no necesita más esfuerzos en investigación y es mejor focalizar los esfuerzos en cuestiones o problemas de mayor entidad e importancia.

El principal problema con esta evaluación es que la mayoría de las industrias focalizan la profundidad con que realizan una investigación exclusivamente en los problemas que posiblemente pueden ser graves. Según esto, establecen una puntuación del riesgo muy baja a desviaciones y no conformidades que suponen violaciones de la normativa, sin considerar que aunque no sean cuestiones graves desde el punto de vista de la repercusión directa en la salud de los consumidores si van a conllevar que el producto sea inseguro o este mal etiquetado.

Veamos ahora la otra cuestión que nos hicimos inicialmente, *¿cuánto tiempo es aceptable para que una industria elimine un problema aplicando acciones correctivas y/o preventivas?*. Sin duda, el periodo de tiempo para completar las diferentes acciones del Plan CAPA debe estar establecido en base al riesgo de la situación y el problema que estamos investigando.

La mayoría de las empresas establecen 4 semanas en completar la investigación de un suceso en el caso de que sea de bajo riesgo, tres semanas para situaciones de riesgo medio, y dos semanas para situaciones de alto riesgo, si bien es cierto que la clasificación del riesgo como hemos dicho anteriormente, la establecen únicamente en base a la frecuencia y a la gravedad del problema en relación con la salud de los consumidores.

Nuestra recomendación es que hay que utilizar criterios de evaluación de riesgo para determinar cómo de profunda va a ser nuestra investigación y cómo de rápido debería tratarse una no conformidad o un determinado problema. Estos criterios de riesgo deben estar claramente definidos en procedimientos escritos. Además debemos establecer el responsable o mejor aún los responsables de evaluar los productos y los problemas de calidad/seguridad y de determinar el grado de investigación que será necesaria.

El procedimiento deberá también determinar la profundidad con la que ha de realizarse una investigación y cuando una no conformidad va a llevar asociada o no, acciones correctivas.

Si por el contrario se decide no investigar, hay que mantener registros que incluyan la razón y el nombre de la persona/s responsable/s de tomar estas decisiones.

La Tabla 7 muestra un ejemplo simple de cómo realizar una puntuación, diferenciando no conformidades o desviaciones en tres categorías basadas en criterios de riesgo descritos previamente. Para cada situación, consideramos el peor caso posible y damos una puntuación en base al riesgo. Por ejemplo, si un problema puede conllevar un impacto catastrófico o muy grave en la salud de los consumidores, la puntuación ha de ser muy alta independientemente de cualquier otra dimensión como por ejemplo la facilidad para detectarse etc.

La tabla 7 puede aplicarse a procesos y sistemas, incluyendo fallos de los equipos y siempre que no haya producto afectado.

Tabla 7. Matriz de puntuación en la evaluación del Riesgo.

CRITERIO	CATEGORÍAS	EVALUACIÓN DEL RIESGO		
		Bajo (1)	Medio (2)	Alto (3)
SEGURIDAD	Crítico			X
	Marginal		x	
	Incidental	x		
CLASIFICACIÓN	Grupo A			X
	Grupo B		x	

	Grupo C	x		
	Si especificación final			X
ESPECIFICA-CIONES	Si especificación no al final		x	
	No afecta especificaciones	x		
	Final			X
ETIQUETADO	No final		x	
	No incorrecto	x		
	Primera vez	x		
	Ocasional mejorando	x		
TENDENCIA	Ocasional empeorando		x	
	Frecuente		x	
	No se detecta			X
DETECTABILI-DAD	Se detecta antes de la distribución		x	
	Se detecta en el proceso	x		
RIESGO REGULATORIO	Incumplimiento			X
	No incumplimiento	x		

En la Figura 4 mostramos como sería el flujo de priorización en función del riesgo (bajo, medio y alto) para realizar las investigaciones.

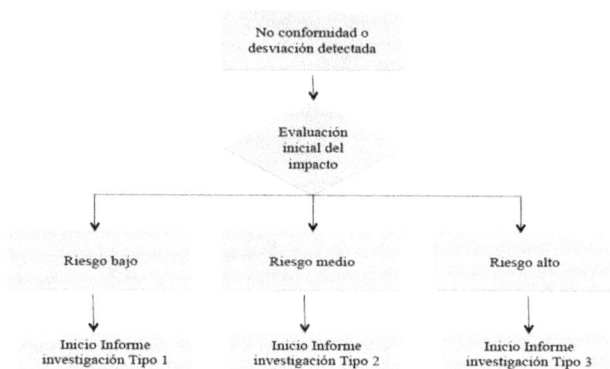

Figura 4. Priorización del Riesgo en las investigaciones.

En la Tabla 8, podemos ver un ejemplo que describe las características de cada no conformidad en investigaciones, que denominamos tipo 1, 2 o 3 según la profundidad del proceso y que viene determinada en base al riesgo.

Tabla 8. Tipo de Investigación de No conformidades.

Investigación de No conformidades		
Tipo I	Tipo II	Tipo III
Negligible o de muy bajo riesgo	Al menos una dimensión tiene puntuación de riesgo medio	Al menos una dimensión tiene puntuación de riesgo alto
Tres días en completarse	30 días en completarse	20 días en completarse
Documentar el suceso y las correcciones	Documentar el suceso y las correcciones y el análisis de causa raíz	Documentar el suceso y las correcciones y el análisis de causa raíz
Mensualmente analizar tendencias	Es necesario generar Plan CAPA	Es necesario generar Plan CAPA

En base a la puntuación obtenida en base al riesgo, podemos determinar el nivel de prioridad de cada investigación de no conformidades tal y como podemos ver en la Tabla. 8.

CAPÍTULO 6. GESTIÓN DE RIESGO EN LOS CONTROLES OFICIALES

El Reglamento (UE) 2017/625 del Parlamento Europeo y del Consejo, de 15 de marzo de 2017, relativo a los controles y otras actividades oficiales realizados para garantizar la aplicación de la legislación sobre alimentos y piensos, y de las normas sobre salud y bienestar de los animales, sanidad vegetal y productos fitosanitarios, en su artículo 9, establece que las autoridades competentes deben realizar controles oficiales con regularidad, en función del riesgo y con la frecuencia apropiada, teniendo en cuenta:

a) los riesgos identificados en relación con:
   i) los animales y las mercancías,
   ii) las actividades realizadas bajo el control de los operadores,
   iii) la ubicación de las actividades u operaciones de los operadores,
   iv) la utilización de productos, procesos, materiales o sustancias que puedan afectar a la seguridad, la integridad y la salubridad de los alimentos o de los piensos, a la salud animal o al bienestar de los animales, a la sanidad vegetal o, por lo que respecta a los OMG y los productos fitosanitarios, que

puedan tener también repercusiones negativas para el medio ambiente;

b) cualquier información que indique la probabilidad de que pueda inducirse a error a los consumidores, en particular sobre la naturaleza, identidad, cualidades, composición, cantidad, duración, país de origen o lugar de procedencia y modo de fabricación o de obtención de los alimentos;

c) el historial de los operadores en cuanto a los resultados de los controles oficiales de que hayan sido objeto y su cumplimiento de las normas a que se refiere el artículo 1, apartado 2;

d) la fiabilidad y los resultados de los autocontroles realizados por los operadores, o por un tercero a petición de estos, incluidos, cuando resulte adecuado, programas privados de garantía de calidad, con el fin de determinar el cumplimiento de las normas contempladas en el artículo 1, apartado 2, y

e) toda información que pudiera indicar el incumplimiento de las normas contempladas en el artículo 1, apartado 2.

La planificación o programación de los controles oficiales constituye la "P" del ciclo PDCA. Es la etapa en la cual se valoran los recursos disponibles para la ejecución de los controles oficiales y se establecen unas frecuencias de controles y unas prioridades, basándose en los riesgos vinculados a los establecimientos alimentarios y a los productos alimenticios destinados al consumo humano.

Como norma general para la categorización del riesgo de los establecimientos alimentarios se siguen unos criterios contrastados a nivel internacional, incluyendo la valoración de muchos factores como pueden ser:

Actividad del establecimiento: A la hora de ponderar el riesgo, hay que tener en cuenta si se hacen manipulaciones complejas o no o si solamente se realiza una venta de alimentos envasados.

Tipo de alimento. En el anexo I se incluye un ejemplo de categorización de alimentos de alto, medio y bajo riesgo.

Alimento de alto riesgo: aquél que puede contener microorganismos patógenos y puede servir de sustrato para el crecimiento de los mismos o para la formación de toxinas.

Alimento de riesgo medio: aquél que puede contener microorganismos patógenos, pero normalmente no sirve de sustrato para su crecimiento debido a las características del mismo, o bien aquel alimento que, aunque es poco probable que contenga microorganismos patógenos debido a sus características o tipo de procesado, puede servir de sustrato para el crecimiento de microorganismos patógenos o la formación de toxinas.

Alimento de bajo riesgo: aquél que es poco probable que contenga microorganismos patógenos y normalmente no sirve de sustrato para su crecimiento o para la formación de toxinas.

Uso esperado. Hay que tener en cuenta a la hora de ponderar por ejemplo si lo usan:

- Población infantil
- Adultos mayores de 65 años

- Personas con enfermedades crónicas o inmunodeprimidas
- Embarazadas
- Consumidores extremos

Vida útil. Los alimentos difieren en la vida útil y su capacidad para favorecer el crecimiento de patógenos. Algunos patógenos microbianos pueden multiplicarse en los alimentos, mientras que los peligros químicos no. Un alimento puede tener características intrínsecas como el pH, la actividad del agua, la presencia de compuestos inhibidores o una combinación de estos factores que impiden el crecimiento de patógenos.

Frecuencia de brotes y ocurrencia de enfermedades. Hay que considerar la frecuencia con que dicho alimentos está implicado en brotes. Además de los peligros biológicos, en la medida de lo posible se deben hacer esfuerzos para evaluar el impacto en la salud pública de la exposición crónica a riesgos químicos. Los riesgos químicos a considerar incluirían alérgenos, micotoxinas, pesticidas, metales y otros elementos tóxicos, y otros químicos como químicos industriales y químicos formados durante el procesamiento.

Consumo. Cuando están contaminados, aquellos productos que se consumen con frecuencia tienen más probabilidades de causar brotes generalizados o enfermedades múltiples en comparación con los productos que se consumen con menos frecuencia o que solo son consumidos por un segmento limitado de la población.

Volumen de producción.

Probabilidad de contaminación del proceso de fabricación /intervención. Los peligros para la seguridad de los alimentos pueden introducirse durante la producción primaria, durante el procesamiento, la fabricación, la distribución minorista y durante la preparación de alimentos en establecimientos minoristas o en los hogares. Este criterio también aborda los riesgos que pueden introducirse durante la fabricación, en particular para productos que no reciben un paso de eliminación adecuado, por ejemplo, ciertos vegetales recién cortados, o productos que están expuestos al ambiente de procesamiento después de letalidad, p. ej., contaminación de *L. monocytogenes* en alimentos listos para el consumo y *Salmonella* en alimentos con bajo contenido de humedad que han estado implicados en enfermedades y brotes (leche en polvo, cacao, chocolate….).

Gravedad de la enfermedad: teniendo en cuenta la duración de la enfermedad, hospitalización y mortalidad.

Evaluación de sus sistemas de gestión de seguridad alimentaria.

Condiciones higiénico-sanitarias.

Cumplimiento y colaboración previo por parte del establecimiento.

Implantación de sistemas de calidad certificados, etc.

La FDA ha desarrollado una herramienta interactiva integral de evaluación de riesgos **FDA-iRISK®**. Sus principales ventajas son:

- predice la efectividad de las intervenciones en cualquier paso de la cadena de suministro de alimentos, desde la granja hasta el consumidor.
- calcula los resultados de salud pública de las prácticas e intervenciones de producción de alimentos.

- permite a los gestores de riesgos construir, evaluar y comparar escenarios de peligros/alimentos que pueden involucrar múltiples peligros (tanto microbianos como químicos), alimentos, vías de proceso y poblaciones.

- es útil para los gestores de riesgos en la toma de decisiones, por ejemplo, para la priorización de riesgos y la asignación de recursos.

CAPÍTULO 7. METODOLOGÍAS Y HERRAMIENTAS

La gestión de riesgos respalda un enfoque científico para la toma de decisiones. Proporciona métodos documentados y reproducibles para llevar a cabo los pasos del proceso de gestión de riesgos basados en el conocimiento actual sobre la evaluación de la gravedad, probabilidad y detectabilidad del riesgo. Tradicionalmente, la industria alimentaria y las autoridades sanitarias han estado evaluando y gestionando el riesgo en una variedad de formas informales basadas, por ejemplo, en la recopilación de observaciones, tendencias y otra información. Dichos enfoques continúan brindando información útil que podría respaldar temas como el manejo de quejas, defectos de calidad, desviaciones y asignación de recursos.

Los métodos de gestión de riesgos y las herramientas estadísticas de apoyo se pueden utilizar en combinación (por ejemplo, en la evaluación probabilística de los riesgos). El uso combinado proporciona una flexibilidad que puede facilitar la aplicación de los principios de gestión de riesgos de calidad/seguridad. Estas técnicas pueden ser complementarias y puede ser necesario utilizar más de una de ellas. El principio básico es que la cadena de sucesos se analiza paso a paso. El grado de rigor y formalidad de la gestión de riesgos de calidad debe reflejar el conocimiento disponible y debe ser proporcional a la complejidad y/o criticidad del problema que se está evaluando.

7.1 Técnicas y herramientas de evaluación de riesgos

A continuación se analizan algunas de las técnicas simples que se utilizan comúnmente para estructurar la gestión de riesgos (Tague 2005) mediante la organización de datos y la facilitación de la toma de decisiones.

Diagramas de Flujo/Mapa de Procesos.
Un diagrama de flujo es una imagen que describe los pasos de un proceso en orden secuencial. Es útil cuando se trata de comprender cómo se está realizando realmente un proceso. Al tratar de resolver un problema, es una buena idea pasar algún tiempo recorriendo el proceso y comparando cómo se hacen realmente las cosas (el proceso real) con cómo deberían hacerse (el proceso teórico requerido por las instrucciones de trabajo aplicables).

Los diagramas de flujo son diagramas fáciles de entender que muestran cómo encajan los pasos de un proceso. Esto los convierte en herramientas útiles para comunicar cómo funcionan los procesos y para documentar claramente cómo se realiza un trabajo en particular. Además, el acto de mapear un proceso en formato de diagrama de flujo lo ayuda a aclarar su comprensión del proceso y lo ayuda a pensar en dónde se puede mejorar el proceso.

Los diagramas de flujo son diagramas simples que trazan un proceso para que pueda comunicarse fácilmente a otras personas. Para dibujar un diagrama de flujo, haga una tormenta de ideas sobre las tareas y decisiones tomadas durante un proceso y escríbalas en orden. Luego, mapéelos en formato de diagrama de flujo utilizando los símbolos apropiados para el inicio y el final del proceso, para las acciones que se deben tomar y para las decisiones que se deben tomar. Finalmente, pruebe su diagrama de flujo para asegurarse de que sea una representación precisa del proceso y que represente la forma más eficiente de hacer el trabajo. Esta herramienta debe ser el primer paso en cualquier metodología de evaluación de riesgos.

Tormenta de ideas (*Brainstorming*).

El término "tormenta de ideas" a menudo se usa de manera muy vaga para referirse a cualquier tipo de discusión grupal. La tormenta de ideas implica estimular y alentar una conversación fluida entre un grupo de personas con conocimientos para identificar posibles modos de fallo y peligros, riesgos, criterios para decisiones y/u opciones de tratamiento asociados. Sin embargo, la verdadera tormenta de ideas involucra técnicas particulares para tratar de asegurar que la imaginación de las personas sea desencadenada por los pensamientos y declaraciones de otros en el grupo.

La facilitación efectiva es muy importante en esta técnica e incluye la estimulación de la discusión al inicio, la orientación periódica del grupo hacia otras áreas relevantes y la captura de los problemas que surgen de la discusión. La tormenta de ideas se puede usar junto con otros métodos de evaluación de riesgos (por ejemplo, diagrama de causa y efecto, análisis de árbol de fallos, etc.) que se describen a continuación o puede ser una técnica independiente para fomentar el pensamiento imaginativo en cualquier etapa del proceso de gestión de riesgos y cualquier etapa del ciclo de vida de un sistema. La tormenta de ideas pone un gran énfasis en la imaginación. Por lo tanto, es particularmente útil cuando se identifican riesgos de nuevas tecnologías, donde no hay datos o donde se necesitan soluciones novedosas a los problemas.

Listas de verificación.

Las listas de verificación son listas de peligros, riesgos o fallos de control que generalmente se han desarrollado a partir de la experiencia, ya sea como resultado de una evaluación anterior de riesgos o como resultado de fallos pasados. Se puede utilizar una lista de verificación para identificar peligros y riesgos o para evaluar la eficacia de los controles. Se pueden utilizar en cualquier etapa del ciclo de vida de un producto, proceso o sistema. Pueden usarse como parte de otras técnicas de evaluación de riesgos, pero son más útiles cuando se aplican para verificar que todo se ha cubierto después de aplicar una técnica más imaginativa que identifica nuevos problemas.

Análisis de causa y efecto.

El análisis de causa y efecto es un método estructurado para identificar las posibles causas de un suceso o problema no deseado. Organiza los posibles factores contribuyentes en categorías amplias para que se puedan considerar todas las hipótesis posibles. Sin embargo, no señala por sí mismo las causas raíces, ya que éstas solo pueden determinarse mediante pruebas reales y pruebas empíricas de hipótesis. La información se organiza en un diagrama de causa y efecto (también llamado diagrama de espina de pescado o diagrama de Ishikawa) o, a veces, en un diagrama de árbol. Los diagramas de causa y efecto se utilizan para analizar y encontrar la causa raíz de un determinado efecto o problema. También se conocen como diagramas de espina de pescado porque su forma es similar a la del esqueleto de un pez. Los diagramas de causa y efecto se consideran una de las siete herramientas básicas de la gestión de calidad.

El diagrama de causa y efecto se enfoca en las causas más que en el efecto. Debido a que puede haber varias causas para un problema en particular, esta herramienta nos ayuda a identificar la causa raíz del problema de una manera sencilla. Esta herramienta permite la tormenta de ideas en un formato estructurado similar a un diagrama de afinidad, donde las causas potenciales se agrupan en categorías lógicas como materiales, mano de obra, métodos, máquinas, medio ambiente o entorno, etc. Las causas potenciales se pueden rastrear hasta la causa raíz utilizando la técnica de los 5 porqués. Otra forma de hacer esto es examinar el problema usando categorías típicas conocidas como las 5 M y 1 E:

Mano de obra. Cualquier persona involucrada en el proceso.

Métodos. Cómo se realiza el proceso y los requisitos específicos para hacerlo, como políticas, procedimientos, instrucciones y reglamentos.

Máquinas. Cualquier equipo, ordenador o herramienta requerida para realizar la tarea

Materiales. Materias primas, partes y componentes utilizados para producir el producto final.

Mediciones. Datos generados a partir del proceso que se utilizan para evaluarlo.

Entorno. Condiciones ambientales como la humedad y la temperatura en el que opera el proceso.

5 por qué

Una de las herramientas más útiles de la ciencia es el por qué. Si está investigando las causas fundamentales (raíz) de los problemas no puede implementar una acción correctiva hasta que no determine cuales son. Recuerde la definición de acción correctiva: acción para evitar la recurrencia de las causas raíz (es). Hay bastantes de herramientas de análisis de causa raíz disponibles, y todas ellas se basan en la palabra por qué. La mejor manera de encontrar el camino desde los síntomas hasta las causas raíz (es) es preguntarse por qué hasta que se aclare la naturaleza de su problema y su solución. Esta herramienta (los 5 por qué) se atribuye a Sakichi Toyoda, uno de los fundadores de la empresa Toyota.

¿Por qué cinco? Se postula que cinco iteraciones son generalmente suficientes para llegar a una causa raíz. Nuestra recomendación es que siga preguntando por qué hasta que se encuentre una causa raíz que pueda solucionar.

La técnica es muy sencilla de utilizar. Use de un entorno de trabajo en equipo multifuncional:

Ponerse de acuerdo sobre el planteamiento de un problema (efecto). Haga una tormenta de ideas sobre las principales categorías de causas del problema, o use los seis encabezados genéricos.

Tormenta de ideas sobre todas las posibles causas del problema. Pregunte: "*¿Por qué sucede esto?*" A medida que se da cada idea, el facilitador la escribe como una rama de la categoría apropiada. Las causas se pueden escribir en varios lugares si se relacionan con varias categorías.

Vuelva a preguntar: "*¿Por qué sucede esto?*" sobre cada causa. Escriba las sub-causas ramificándose de las causas. Continúe preguntando "*¿Por qué?*" y genere niveles más profundos de causas. Las capas de ramas indican factores causales.

Cuando el grupo se quede sin ideas, concentre la atención en los lugares del cuadro donde hay pocas ideas.

En el libro de los autores CAPA: Acciones correctivas y preventivas en las industrias alimentarias. Editorial Díaz de Santos 2019. ISBN: 978-84-9052-2015-, puede encontrar toda una lista no estática de causas raíz que le pueden ayudar en esta tarea.

Análisis de Peligros y Puntos Críticos de Control (APPCC)

El APPCC es una herramienta sistemática, proactiva y preventiva para asegurar la calidad y seguridad del producto (Organización Mundial de la Salud 2003). Es un enfoque estructurado que aplica principios técnicos y científicos para analizar, evaluar, prevenir y controlar el riesgo o las consecuencias adversas de los peligros debido al diseño, desarrollo, producción y uso de productos.

Tradicionalmente, la metodología APPCC se ha considerado como un sistema de gestión de la seguridad alimentaria. Su objetivo es prevenir peligros conocidos y reducir el riesgo de que ocurran en puntos específicos de la cadena alimentaria. Los procedimientos, incluidas las buenas prácticas de manipulación y las buenas prácticas de fabricación, abordan las condiciones operativas y proporcionan la base para APPCC. Mediante el Reglamento (CE) nº 852/2004 del Parlamento Europeo y del Consejo 29 de Abril del 2004, relativo a la higiene de los productos alimentarios, en el artículo 5 se establece la obligación de los operadores de empresa alimentaria de crear, aplicar y mantener un procedimiento, o procedimientos permanentes basados en el sistema de análisis de peligros y puntos de control crítico y se enumeran los principios del sistema APPCC.

El APPCC es más útil cuando la comprensión del producto y el proceso es lo suficientemente completa como para respaldar la identificación de los puntos críticos de control. El resultado de un análisis APPCC es información de gestión de riesgos que facilita el seguimiento de puntos críticos no solo en el proceso de fabricación sino también en otras fases durante la vida útil. La intención de APPCC es ayudar a prevenir peligros conocidos y reducir el riesgo de que ocurran en cualquier punto de un proceso mediante la ejecución de siete principios básicos, que se describen en la Figura 5.

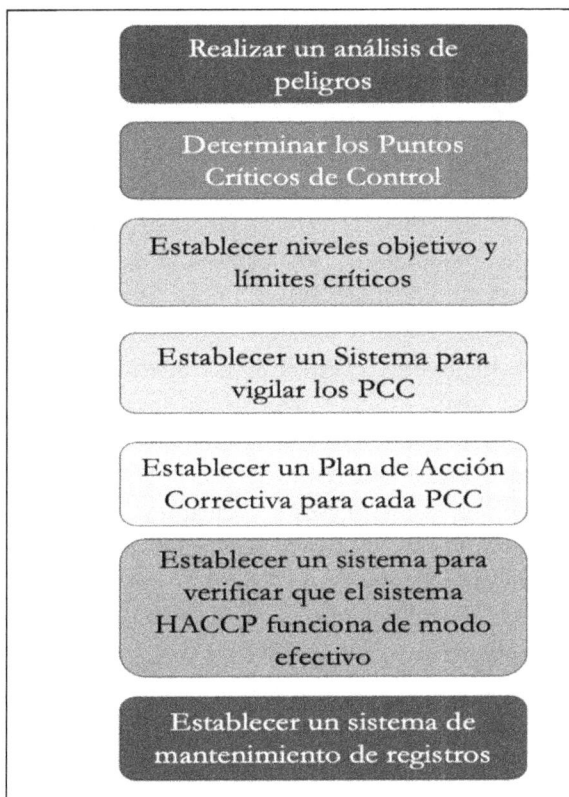

Figura 5. Principios APPCC

Durante la detección del peligro, en su evaluación y en las operaciones subsiguientes de concepción y aplicación de los procedimientos basados en el sistema del APPCC, el operador deberá tener en cuenta el uso final probable del producto (por ejemplo, si será cocinado o no), las categorías de consumidores vulnerables y los datos epidemiológicos relativos a la seguridad alimentaria.

El centro de un sistema APPCC efectivo se enfoca en el control y en la vigilancia continua de los peligros identificados (principios 2, 3 y 4). Un fabricante demuestra la efectividad de las medidas de control establecidas (principios 5 y 6) al establecer una vigilancia de los procesos metódicamente documentado, un análisis de peligros de procesos y un plan de control de puntos críticos (principio 7).

Nota: En el Apartado 2.3 acerca de la prevención de la seguridad alimentaria basada en el riesgo según la ley FSMA, hemos visto que la FDA ha desarrollado un enfoque que supone un paso más con respecto al APPCC tradicional, es el Análisis de peligros y controles preventivos basados en el riesgo. Son medidas necesarias para garantizar que se minimicen o prevengan los peligros que requieren un control preventivo. Incluyen controles de procesos (son los puntos críticos de control, PCC), y otros controles preventivos, que son controles que van más allá de los manejados como PCC y que pueden incluir los controles de peligros relacionados con alérgenos alimentarios, saneamiento, cadena de suministro y otros que requieran un control preventivo y un plan de retirada (ver Apartado 2.3).

Desarrollo de un Plan APPCC. Hay un total de 12 tareas requeridas para desarrollar un plan APPCC, y están diseñadas para garantizar que los siete principios se apliquen correctamente. El principio 1, que consiste en realizar un análisis de peligros, requiere que las primeras cinco tareas se hayan abordado de manera lógica y veraz para que se hayan identificado todos los peligros reales asociados con el producto. A continuación se analizan brevemente las 12 tareas:

Tarea 1 - Establecer un equipo APPCC. Para comprender completamente el sistema y poder identificar todos los posibles peligros y PCC, es importante que el equipo APPCC está formado por personas de una amplia gama de disciplinas con los conocimientos y toda la competencia técnica específica adecuada según el producto de que se trate, su producción (fabricación, almacenamiento y distribución), su consumo y los peligros asociados. El equipo debe obtener el pleno apoyo de la dirección, que debe considerarse a sí misma propietaria del plan APPCC y del

SGSA general. El equipo debe incluir entre el personal un líder de equipo para convocar al grupo y dirigir el trabajo del equipo y para garantizar que el concepto se aplique correctamente. Esta persona debe estar familiarizada con la técnica, debe saber escuchar y debe permitir que todos los participantes contribuyan. La primera actividad del equipo APPCC es identificar el alcance del estudio. Esto hará que la tarea sea más manejable y se pueden agregar especialistas al equipo cuando sea necesario.

Tarea 2 - Describir el producto. Para iniciar un análisis de peligros, se debe preparar una descripción completa del producto, incluidas las especificaciones para el consumidor. Esto debe incluir información relevante para la seguridad, regulación/nivel objetivo, origen de los ingredientes y materias primas que pueden contribuir a detectar determinados peligros, composición (por ejemplo materias primas, ingredientes, aditivos, posibles alérgenos, etc.), propiedades físicas/químicas de las materias primas y del producto final (estructura y características físico-químicas (por ejemplo sólido, líquido, gel, emulsión, contenido de humedad, pH, actividad del agua, etc.). Además, la información sobre cómo el producto se envasará (por ejemplo hermético, al vacío, en atmósfera modificada). También debe considerarse cómo se almacenará y transportará, junto con los datos sobre su vida útil, las temperaturas de almacenamiento recomendadas y las instrucciones de uso, en caso necesario. Cuando corresponda, se debe incluir información de etiquetado y un ejemplo de la etiqueta. Esta información ayudará al equipo APPCC a identificar peligros reales asociados con el proceso.

Tarea 3 - Identificar el uso previsto del producto. La forma en que se pretende utilizar el producto es una consideración importante. La información sobre si el producto se consumirá directamente, se cocinará o se procesará más, tendrá una relación con el análisis de peligros (consulte la tarea 6). La naturaleza del grupo objetivo (consumidores) para el producto también puede ser relevante, particularmente si incluye grupos susceptibles como bebés, ancianos o mujeres embarazadas. También se debe considerar la probabilidad de uso indebido de un producto. Esta información se puede registrar en el mismo formulario que la descripción del producto.

Tarea 4 - Elaborar el diagrama de flujo del proceso. La primera función del equipo es elaborar un diagrama de flujo detallado del proceso o sistema. Deben mencionarse todos los pasos (desde el momento de la recepción de las materias primas hasta la comercialización del producto final en el mercado), incluidos los retrasos durante o entre las fases, junto con los datos técnicos suficientes y pertinentes para la seguridad alimentaria, tales como la temperatura y la duración del tratamiento térmico.

Tarea 5 - Confirmación *in situ* del diagrama de flujo. Una vez completado el diagrama de flujo, los miembros del equipo deben visitar el proceso (por ejemplo, el almacén o el área de fabricación) para comparar la información presente en el diagrama de flujo con lo que realmente sucede en la práctica. Esto se conoce como "caminar por la línea", una práctica paso a paso para verificar que toda la información sobre materiales, prácticas, controles, etc., haya sido tomada en consideración por el equipo durante la preparación del diagrama de flujo.

Tarea 6 - Realizar un análisis de peligros (Principio 1). La identificación y el análisis de peligros efectivos son las claves para un plan APPCC exitoso. Se deben considerar todos los peligros reales o potenciales que puedan ocurrir en cada ingrediente y en cada etapa del sistema (incluidos la producción, adquisición, almacenamiento y transporte de las materias primas y los ingredientes, así como los retrasos durante la fabricación). Los peligros de seguridad para los programas APPCC se han clasificado en tres tipos:

- Biológico. Contaminación microbiológica, viral o parasitaria con patógenos

- Químico. La contaminación cruzada debido a la mezcla de materias primas o productos terminados, por ejemplo con alérgenos son una situación común (y muy peligrosa) en la fabricación de alimentos.

- Físico. Contaminantes como vidrios rotos, cabello, piezas de ropa o guantes, fragmentos de metal, insectos o piedras.

La probabilidad de que ocurra un peligro se llama riesgo. El riesgo puede tomar un valor de cero a uno dependiendo del grado de certeza de que el peligro estará ausente o presente. Después de la identificación del peligro, se debe realizar un análisis del peligro para comprender el riesgo relativo para la salud humana que representa el peligro. Es una forma de organizar y analizar la información científica disponible sobre la naturaleza y el tamaño del riesgo para la salud asociado con el peligro. El riesgo puede tener que evaluarse subjetivamente y simplemente clasificarse como bajo, medio o alto. Solo aquellos peligros que el equipo APPCC considera que presentan un riesgo inaceptable de estar presentes se llevan al principio 2.

Una vez que se ha identificado un peligro para la seguridad, se deben considerar las medidas de control apropiadas. Las medidas de control son las acciones y actividades que pueden emprenderse para prevenir los peligros, eliminarlos o reducir sus efectos o la probabilidad de su incidencia a niveles aceptables. Muchas medidas de control preventivas forman parte de los PPR y están destinadas a evitar la contaminación del entorno de producción (por ejemplo, personal, plagas, agua, mantenimiento…). Otras medidas de control dirigidas a la reducción o eliminación de peligros están más específicamente vinculadas a un determinado proceso de producción, por ejemplo la pasteurización y la fermentación, y pueden dar lugar a la creación de PCC si son de proceso o a controles preventivos (ver sección 2.3).

Tarea 7 - Determinar los Puntos Críticos de Control (PCC) (Principio 2). Cada paso en el diagrama de flujo, dentro del alcance del estudio APPCC, debe tomarse a la vez, y debe considerarse la relevancia de cada peligro identificado. También es importante recordar el alcance declarado del análisis APPCC en esta etapa. El equipo debe determinar si el peligro puede ocurrir en este paso y, de ser así, si existen medidas de control. Si el peligro se puede controlar adecuadamente, no se controla mejor en otro paso y es esencial para la seguridad del proceso, entonces este paso es un PCC para el peligro especificado. Se puede utilizar un árbol de decisión para determinar los PCC. Sin embargo, el juicio, la experiencia y el conocimiento del proceso del equipo APPCC son los factores principales para establecer los PCC. Si se identifica un paso donde existe un peligro pero no se pueden implementar medidas de control adecuadas ni en este paso ni posteriormente, entonces hay una situación de alto riesgo que debe ser atendida de inmediato.

Tarea 8 - Establecer límites críticos (Principio 3). Los límites críticos deben especificarse y validarse[5] para cada PCC. Los criterios que se utilizan a menudo incluyen mediciones de parámetros del proceso, como el tiempo y la

---

[5] obtención y evaluación de evidencia científica y técnica de que una medida de control, o combinación de medidas de control, o bien el plan de seguridad de los alimentos en su totalidad, puede efectivamente controlar los peligros identificados si se implementa de manera apropiada (21 CFR 117 FDA).

temperatura de cocinado, el nivel de humedad, el pH, la actividad agua, cantidad de aditivos y parámetros sensoriales como la apariencia visual. Todos los límites críticos y las tolerancias permisibles asociadas deben documentarse en la hoja de trabajo del plan APPCC e incluirse como especificaciones en los procedimientos operativos y las instrucciones de trabajo.

Tarea 9 - Establecer un Sistema para vigilar los PCC (Principio 4). La vigilancia es el mejor mecanismo para confirmar que se están cumpliendo los límites críticos en cada PCC. El método elegido para la vigilancia debe ser específico y tener suficiente sensibilidad para producir un resultado significativo detectable con el equipo disponible. Esto es imperativo para que se puedan tomar medidas correctivas lo más rápido posible para evitar o minimizar la pérdida de producto. Deben hacerse ajustes en el proceso si los resultados de la vigilancia indican una tendencia a la pérdida de control en un PCC. Deben realizarse los ajustes antes de que se produzca una desviación (no se cumple el límite crítico).

Las observaciones o mediciones de muestras tomadas de acuerdo con un plan de muestreo estadísticamente válido, pueden efectuarse de manera continua o intermitente y, si no son continuas, es necesario establecer una frecuencia de observaciones o mediciones que proporcione información en tiempo oportuno para aplicar medidas correctivas.

La periodicidad de la vigilancia debería basarse en el riesgo, es decir, dependiendo de la probabilidad de que aparezca un peligro en el producto, del volumen de producción, de la distribución del producto, de los consumidores potenciales, del número de trabajadores que manipulan directamente el producto, etc.

Los datos extraídos de la vigilancia deben ser evaluados por una persona experimentada designada al efecto que posea conocimientos y autoridad para aplicar medidas correctivas cuando esté indicado. Esto formará parte de la verificación del análisis de peligros en aplicación de los principios de gestión de riesgos. Debe realizarla una persona distinta de la que se ocupa de las actividades de vigilancia y debería hacerse con una frecuencia suficiente para confirmar que los procedimientos basados en el APPCC funcionan con eficacia. La FDA establece antes de 7 días hábiles.

Tarea 10 - Establecer un Plan de Acción Correctiva para cada PCC (Principio 5). Si la vigilancia indica que no se están alcanzando los límites críticos (el proceso está fuera de control), se deben tomar medidas correctivas de inmediato. La acción correctiva debe tener en cuenta el peor de los casos, pero también debe basarse en la evaluación de los peligros, el riesgo y la gravedad, y el uso final del producto. Las acciones correctivas deben garantizar que el PCC haya vuelto a estar bajo control. También deben incluir la disposición adecuada de cualquier producto afectado. Siempre que sea posible, es más eficaz establecer límites operativos (más estrictos que los límites críticos), que se activen cuando la vigilancia indique que se está acercando al límite crítico. En consecuencia, se pueden hacer correcciones antes de que sea necesario aplicar acciones correctivas y en su caso la implicación de producto fuera de parámetros para su posterior destrucción, reexpedición o empleo para otros fines.

Al igual que en la tarea anterior, los registros de acciones correctivas deben ser evaluados por una persona experimentada designada al efecto que posea los conocimientos y autoridad necesaria. Formará también parte de la verificación del análisis de peligros, y en aplicación de los principios de gestión de riesgos. Debe realizarla una persona distinta de la que se ocupa de las actividades de medidas correctivas y debería hacerse con una frecuencia suficiente para confirmar que los procedimientos basados en el APPCC funcionan con eficacia. La FDA establece antes de 7 días hábiles.

Tarea 11 - Establecer un sistema para verificar que el sistema APPCC esté funcionando de manera efectiva (Principio 6). Una vez elaborado el plan APPCC y validados todos los PCC, se debe verificar[6] el plan completo. Una vez que el plan APPCC está funcionando rutinariamente, debe ser verificado y revisado a intervalos regulares con una frecuencia suficiente para confirmar que los procedimientos basados en el APPCC funcionan con eficacia. De este modo, se puede determinar la idoneidad de los PCC y las medidas de control, y se puede verificar el alcance y la eficacia del seguimiento. Las formas en que se puede verificar el sistema incluyen:

Revisión de registros de vigilancia de PPC o controles preventivos y acciones correctivas (recomendable antes de 7 días hábiles).

Revisión de muestras, monitoreo ambiental, proveedores (revisados en un plazo razonable).

Muestreo y análisis de ingredientes, materiales en proceso y productos finales (revisados en un plazo razonable).

Observación de operaciones en PCCs (auditoría del proceso) (revisados en un plazo razonable).

Calibración de equipos con la suficiente frecuencia para garantizar que los equipos de inspección, medición o análisis realizan mediciones correctas.

Los criterios microbiológicos establecidos en la legislación europea (Reglamento 2073/2005) pueden utilizarse en la validación y verificación de procedimientos basados en el APPCC y otras medidas de control de la

---

[6] aplicación de métodos, procedimientos, pruebas u otras evaluaciones, adicionales a la vigilancia, que determinan si una medida de control o combinación de medidas de control opera o ha operado según lo planeado, y que establece la validez del plan de inocuidad alimentaria (21 CFR117 FDA).

higiene alimentaria, así como en la verificación del correcto funcionamiento de dichas medidas de control.

Se debe realizar un re-análisis del Plan de análisis de peligros (al menos cada 3 años según regulación FDA). Además, cuando haya cambios significativos en el producto o en el proceso, cuando surja nueva información de peligros asociados con el alimento, cambios en los patrones de consumo, problemas imprevistos, cuando un PCC resulta ineficaz, desviaciones recurrentes o nuevas prácticas de distribución o uso previsto.

Tarea 12- Establecer un sistema de mantenimiento de registros (Principio 7). El mantenimiento de registros es una parte esencial del proceso APPCC. Demuestra que se han seguido los procedimientos correctos desde el inicio hasta el final del proceso, ofreciendo trazabilidad del producto. Proporciona un registro del cumplimiento de los límites críticos establecidos y puede utilizarse para identificar áreas problemáticas.

Los documentos y los registros deberán conservarse durante un período de tiempo suficiente después del período de vida útil del producto a efectos de su trazabilidad y de la revisión periódica de los procedimientos por el operador económico, así como para permitir a la autoridad competente auditar los procedimientos basados en el sistema APPCC. Los documentos deben estar firmados por un empleado de la empresa competente a tal efecto.

CAPÍTULO 8 APLICACIONES PRÁCTICAS DE LA GESTIÓN DE RIESGOS EN LAS INDUSTRIAS ALIMENTARIAS

Este capítulo pretende identificar los usos potenciales de los principios y herramientas de gestión de riesgos por parte de la industria y las autoridades sanitarias. Sin embargo, la selección de herramientas de gestión de riesgos depende completamente de hechos y circunstancias específicos. Estos ejemplos se proporcionan con fines ilustrativos y solo sugieren usos potenciales de la gestión de riesgos de calidad/seguridad alimentaria.

8.1 Gestión

La gestión de riesgos es un proceso muy importante y crítico dentro de un sistema de gestión de calidad/seguridad alimentaria. La práctica totalidad de las principales actividades que realiza una empresa de alimentos deben pasar por el filtro de la gestión de riesgos, desde la priorización de las investigaciones cuando se producen desviaciones, hasta el cronograma y calendario de auditorías internas y de selección y evaluación de proveedores. Es difícil imaginar un área o departamento donde no se aplique el proceso de gestión de riesgos. Hoy en día, la gestión de riesgos es una práctica estándar y aceptada del sistema de calidad utilizado por la industria y a los legisladores para facilitar la toma de buenas decisiones sobre la identificación de riesgos, la priorización de recursos y la mitigación o eliminación de riesgos, según corresponda.

A continuación presentamos una breve discusión de seis (6) de estas áreas.

8.1.1 Auditoría Interna

Las herramientas de gestión de riesgos se pueden utilizar para definir la frecuencia y el alcance de las auditorías internas. La administración general del programa de auditoría interna es normalmente responsabilidad del departamento de calidad. Este departamento es responsable de evaluar las operaciones y los sistemas para identificar el alcance, la frecuencia y los recursos necesarios para respaldar un programa de auditoría interna eficaz, así como para determinar la eficacia de las auditorías realizadas. Es una práctica común auditar periódicamente cada departamento (fabricación, envasado, calidad, formación, almacén, etc.) de acuerdo con un cronograma predeterminado, y sin utilizar ninguna de las muchas ventajas que brindaría la gestión/priorización de riesgos.

Por ejemplo, podemos utilizar técnicas de clasificación y filtrado de riesgos para crear una puntuación de riesgo para cada departamento o elemento del sistema de calidad en el marco del programa de auditoría interna. Recomendamos considerar factores como:

- Impacto del elemento del departamento/sistema de calidad relacionado con el suministro de productos seguros a los consumidores
- Estado de cumplimiento e historial regulatorio del departamento
- Resultados de auditorías/inspecciones anteriores

- Cambios importantes desde la última auditoría (por ejemplo, nuevo proceso introducido en el área, gran rotación de personal, etc.)
- Indicadores del sistema CAPA (no conformidades, retiradas o quejas relacionadas con el área, etc.)

Un elemento de la auditoría donde las técnicas de gestión de riesgos se utilizan con mucha frecuencia es la clasificación de cada hallazgo y observación de auditoría en función del riesgo. Por lo general, el resultado de la auditoría y cada hallazgo/observación individual se clasifican utilizando criterios como los siguientes:

- Crítico
- Mayor
- Menor

Veamos a continuación un ejemplo de lo anterior aplicado a las Auditorías internas del Sistema de Controles oficiales.

El Reglamento (UE) 2017/625 del Parlamento Europeo y del Consejo sobre los controles y otras actividades oficiales realizados para garantizar la aplicación de la legislación sobre alimentos y piensos, y de las normas sobre salud y bienestar de los animales, sanidad vegetal y productos fitosanitarios, establece en su artículo 6 que "las autoridades competentes realizarán auditorías internas u ordenarán que les sean realizadas y, atendiendo a su resultado, adoptarán las medidas oportunas".

Siguiendo la metodología de priorización de riesgos, para llevar a cabo la evaluación del riesgo de los Programas de controles oficiales, se podrían definir criterios a utilizar para llevar a cabo la evaluación del riesgo, que se engloban en tres grandes categorías, y posteriormente ponderarlos:

I.- Gravedad del peligro

A. Afecta a la salud humana (Muy grave (5), Grave (4), Moderado (precisa intervención médica) (3), Leve (2), muy leve (1).

B. Afecta a la salud y/o bienestar de los animales (Muy grave (5), Grave (4), Moderado (precisa intervención médica) (3), Leve (2), muy leve (1).

C. Incidencia en la contaminación del alimento (afecta directamente (5), Afecta indirectamente (3), no afecta (1).

II. Exposición de la población

D. Población que consume el alimento (toda (100%) (5), la mayoría (75%) (4), la mitad (50%) (3), algunos (25%) (2), muy pocos (5%) (1).

E. Cantidad de alimento consumido (Más de 200g/día (5), entre 150-200g/día (4), entre 100-150g/día (3), entre 50-100g/día (2), menos de 50g/día (1).

III. Dimensión del sector

F. Tamaño del sector (muy grande (5), grande (4), mediano (3), pequeño (2), muy pequeño (1).

G. Producción alimentaria afectada (muy grande (5), grande (4), mediano (3), pequeño (2), muy pequeño (1).

8.1.2 Formación

La formación es uno de los elementos más importantes de un sistema de calidad/seguridad alimentaria eficaz y eficiente. Las empresas deben proporcionar los recursos de formación adecuados.

Los reglamentos, así como los estándares internacionales se refieren a la "competencia" de esos recursos humanos en términos de educación, formación, habilidades inherentes y experiencia laboral.

La capacitación proporciona habilidades y/o conocimientos para desempeñar adecuadamente un trabajo. El personal debe estar cualificado para realizar las operaciones que se le asignan de acuerdo con la naturaleza y el riesgo potencial de sus actividades operativas. Por otro lado, los gerentes deben definir cuáles son las cualificaciones apropiadas para cada puesto laboral para ayudar a asegurar que a las personas se les asignen las responsabilidades apropiadas. El personal también debe comprender el efecto de sus actividades en el producto y en el consumidor. Las descripciones de los puestos de trabajo deben incluir requisitos tales como conocimientos científicos y técnicos, conocimiento de procesos y productos, y/o habilidades de evaluación de riesgos para ejecutar adecuadamente ciertas funciones.

La capacitación continua es fundamental para garantizar que los trabajadores sigan siendo competentes en sus funciones operativas. La capacitación típica debe cubrir las políticas, los procesos, los procedimientos y las instrucciones escritas relacionadas con las actividades operativas, el producto/servicio, el sistema de calidad y la cultura de trabajo deseada. La capacitación debe centrarse tanto en las funciones laborales específicas de los empleados como en los requisitos reglamentarios relacionados. Se espera que los gerentes establezcan programas de capacitación que incluyan lo siguiente:

- Evaluación de las necesidades de formación
- Provisión de formación para satisfacer estas necesidades
- Evaluación de la eficacia de la formación
- Documentación de formación y/o re-formación

Se deben utilizar técnicas de evaluación de riesgos para determinar la idoneidad de las sesiones de formación inicial y/o continua en función de la educación, la experiencia y los hábitos de trabajo del personal, así como de una evaluación periódica de la formación previa (por ejemplo, su eficacia). Además, es crucial identificar la formación, experiencia, cualificaciones y habilidades físicas que permitan al personal realizar una operación de manera fiable y sin impacto adverso en la calidad/seguridad del producto. Por lo tanto, la descripción del trabajo para cada puesto dentro de una industria de fabricación de productos alimenticios debe desarrollarse utilizando técnicas de gestión de riesgos. Aunque los esfuerzos en formación generalmente se consideran parte de la base básica del sistema de calidad/seguridad alimentaria, los esfuerzos de reducción de costes, a menudo vinculados a actividades de subcontratación, están afectando muy duramente este área crítica. Muchos de los desastres relacionados con la calidad/seguridad pueden estar relacionados con programas de capacitación deficientes o ineficaces. Dentro de esta industria, los departamentos de formación están siendo desmantelados por todas partes, o al menos reducidos a su mínima expresión. El dinero invertido en la capacitación de los trabajadores se ven como un coste en lugar de una inversión.

8.1.3 Reducción del riesgo de error humano

Durante muchos años hemos considerado los errores o desaciertos humanos la causa de un percance o problema. El error humano, bajo cualquier etiqueta (procedimientos no seguidos, falta de atención o simplemente error), a menudo es la conclusión a que se llega en una investigación de un suceso. Muy a menudo se combina con algún tipo de actividad de capacitación (más frecuentemente, re-formación) como acción correctiva. Incluso tenemos un viejo dicho "Errar es humano" para explicarlo. Sin embargo, los errores humanos no pueden eliminarse ni siquiera reducirse significativamente simplemente diciéndoles a los trabajadores que sean más cuidadosos. Este enfoque simplista no funciona porque no estamos abordando ninguna causa raíz. El error humano es más un síntoma que una causa raíz de un problema.

El objetivo de este capítulo es centrarse en el lado humano de los problemas de calidad y los errores de fabricación. La forma en que vemos el lado humano de estos problemas ha evolucionado durante las últimas décadas. Psicólogos industriales y profesionales de la confiabilidad humana tomaron el mando durante la investigación de accidentes catastróficos (Chernobyl, Challenger y accidentes de aviación) y las viejas concepciones cambiaron. Ahora vemos los errores humanos como síntomas de causas más profundas. En otras palabras, los errores humanos son consecuencias, no causas.

La mayoría de las veces, aunque los accidentes se clasifican como mecánicos o algún otro tipo de fallo, las causas raíz se remontan a un ser humano que cometió un error. Para esta discusión, el error humano excluye acciones deliberadas con intención dañina; estos se consideran sabotaje. En el entorno regulado de productos alimenticios, la combinación de error humano y re-formación todavía se indica en las secciones de causa raíz y acción correctiva de muchos informes de investigación.

Los errores humanos no son una colección uniforme de actos no deseados. La falta de atención juega un papel importante en todas las categorías de error humano. Los lapsus y las distracciones son más comunes cuando los factores situacionales (fatiga, carga de trabajo, multitarea y aburrimiento) desvían nuestra atención. En las industrias reguladas, estos factores deberían ser insignificantes; no deberíamos depender de la memoria para procedimientos e instrucciones. Debemos leer las instrucciones, ejecutar la tarea y luego documentar la acción realizada.

Algunos datos estadísticos relacionados con el error humano son:

- El 99% de las pérdidas accidentales (a excepción de los desastres naturales) comienzan con un error humano. Las causas fundamentales de la gran mayoría de los accidentes son las debilidades del sistema de gestión

- El 8% de los hombres son daltónicos, mientras que solo una de cada 200 mujeres padece la afección
- El 80 % de las retiradas de productos médicos debido a una fecha de caducidad incorrecta o un número de lote/lote incorrecto se debe a una transposición de dígitos
- 1,5 millones de estadounidenses se lesionan cada año por errores de medicamentos en hospitales, hogares de ancianos y consultorios médicos (no se incluyen las confusiones de medicamentos de los propios pacientes)
- En promedio, cada paciente hospitalizado está sujeto a (al menos) un error de medicación por día
- Diecisiete horas de trabajo sin descanso es lo mismo que estar literalmente borracho
- El peor período de tiempo para los errores humanos es de 2 a. m. a 5 a. m.
- Alrededor del 15% de los errores humanos se deben a hábitos adquiridos
- El error humano representa el 90% de los accidentes de tráfico
- La tasa de error y equivocaciones para la mayoría de las tareas basadas en procedimientos es del uno por ciento.
- Los trabajadores en promedio, son interrumpidos en su actividad cada 11 minutos y después necesitan casi un tercio de su día recuperándose de estas distracciones

Factores humanos es el término que comúnmente se le da a la disciplina ampliamente reconocida de abordar las interacciones en el entorno de trabajo entre las personas, las instalaciones y sus sistemas de gestión. Aunque las personas cometen errores y más errores, en general se debe a que los factores humanos no se abordaron adecuadamente. Además de ser un aspecto clave y crítico de la gestión de la seguridad de los procesos, los factores humanos también son la base de una buena gestión del proceso. Los factores humanos juegan un papel importante en el desempeño del proceso mediante el uso de conocimientos y principios científicos de muchas disciplinas para reducir la frecuencia de errores y accidentes. Sin embargo, el valor y la importancia de los factores humanos aún no han sido ampliamente aceptados en toda la industria regulada. Entre los principales factores humanos que influyen en el error en la industria de fabricación de alimentos podemos incluir:

- Cultura de cumplimiento y calidad[7]
- Participación en el lugar de trabajo: motivación y atención
- Supervisión y dotación adecuada de personal
- Procedimientos y diseño de tareas
- Formación y rendimiento
- Trabajar de memoria
- Multitareas

Una vez que todos estemos de acuerdo en que eliminar todos los errores humanos es imposible (para hacerlo, primero tendríamos que eliminar a todos los humanos), nuestros esfuerzos deben abordar dos áreas:

Reducir la probabilidad de error humano desde el principio.

---

[7] Para más profundidad consultar libro de los autores: Martín María A. y Rodríguez José. Cultura de calidad y cumplimiento en la industria alimentaria Cómo implementar una cultura de calidad y seguridad alimentaria basada en el comportamiento. 2021. Business Excellence Consulting - BEC Press. ISBN: 978-1-7367429-1-4

Cuando ocurre un error inevitable, implementar barreras para detectar esos errores humanos y/o minimizar su impacto en la calidad/seguridad de nuestros procesos. Usando los conceptos de CAPA, estos esfuerzos de mitigación tienen dos partes:

a) La parte preventiva debe comprender factores humanos importantes como una mejor supervisión, mejores procedimientos e instrucciones de trabajo y esfuerzos de capacitación más efectivos. Haga que sus procesos y sus documentos estén tan a prueba de errores como sea posible. No dude en abusar de las funciones de detección de errores, también conocidas por el término japonés poka-yoke.

b) Para la parte reactiva, debes mejorar tus investigaciones. No acepte el error humano como la causa raíz; profundice en los factores humanos y piénselo dos veces antes de utilizar el reciclaje, el volver a formar, como acción correctiva.

Para tener éxito en el control y la reducción de errores, debemos considerar la influencia que tienen los siguientes factores en el comportamiento y el rendimiento:

- Diseño de instalaciones y equipamiento
- Contenido y formato de la información (procedimientos, instrucciones de trabajo y ayudas de trabajo)
- Capacitación
- Método de trabajo: supervisión y controles de gestión (incluidos los recursos adecuados y funciones y responsabilidades claras)
- Proceso de comunicación

Hay tres áreas en las cuales debemos concentrar nuestros esfuerzos para reducir de manera efectiva y drástica el impacto del llamado error humano en el resultado final de las industrias reguladas. Para hacer lo correcto, necesitamos: Mejores **documentos** centrados en el usuario (instrucciones de trabajo, especificaciones y procedimientos) con instrucciones claras, completas y completas.

Mejor **capacitación** para asegurar que los trabajadores entiendan por qué están haciendo lo que están haciendo, por qué siempre deben seguir las instrucciones y qué sucede cuando no se siguen las instrucciones.

Mejor **supervisión** para garantizar que los trabajadores siempre sigan los procedimientos y las instrucciones de trabajo mientras realizan cualquier función en un entorno regulado.

Los pasos para reducir los errores humanos incluyen:

a) Abordar las condiciones y reducir los factores estresantes que aumentan la frecuencia de errores

b) Diseñar instalaciones y equipos para evitar que ocurran descuidos y lapsus o para aumentar la posibilidad de detectarlos y corregirlos

c) Eliminar la complejidad y diseñar trabajos para evitar la necesidad de tareas que impliquen decisiones, diagnósticos o cálculos muy complejos, por ejemplo, mediante la redacción de procedimientos para sucesos raros que requieren decisiones y acciones

d) Garantizar una supervisión adecuada, en particular para el personal sin experiencia o para tareas en las que se necesita una verificación independiente

e) Verificar que las ayudas de trabajo, como los procedimientos y las instrucciones, sean claras, concisas, disponibles, actualizadas y aceptadas por los usuarios

f) Considerar de la posibilidad de error humano al realizar evaluaciones de riesgo

g) Pensar en las diferentes causas de los errores humanos durante las investigaciones de incidentes para introducir medidas para reducir el riesgo de que se repita el incidente
h) Supervisión para asegurar que las medidas tomadas para reducir el error sean efectivas
i) Mejora de los controles de proceso (barrera) y poka-yokes
j) Eliminar los fallos latentes
k) Hacer que las personas rindan cuentas por errores y faltas dentro de un ambiente positivo y libre de culpas
l) Comprender el cómo y el por qué de los errores humanos.

Para reducir las infracciones, los gerentes podrían:
i) Tomar medidas para aumentar las posibilidades de que se detecten infracciones mediante la supervisión de rutina, auditorías internas, etc
ii) Hacer que las reglas y los procedimientos sean relevantes y prácticos y eliminar las reglas o instrucciones innecesarias
iii) Capacitar explicando las razones detrás de las reglas o procedimientos y su relevancia
iv) Proporcionar más capacitación y mejor control (por ejemplo, presencia de supervisión) para situaciones anormales y de emergencia para minimizar las infracciones excepcionales

Todo el mundo puede cometer errores sin importar lo bien entrenados y motivados que estén. A veces estamos "preparados" porque el sistema puede fallar. El desafío es desarrollar sistemas intolerantes a errores y evitar que ocurran errores.

Reducir el error humano implica mucho más que tomar medidas disciplinarias contra un empleado. Existe una gama de medidas que brindan controles más efectivos, incluido el diseño del trabajo y del equipo, los procedimientos y la capacitación. Prestar atención a las actitudes y motivaciones individuales, las características de diseño del trabajo y la organización ayudará a reducir las infracciones. Y por último, pero no menos importante, debemos establecer un orden para el control de errores desde las mejores opciones ideales hasta las barreras menos efectivas:

A *prueba de errores o equivocaciones*: imposibilite el error (el formulario del ordenador no se puede guardar si falta alguna información; el microondas no puede funcionar si la puerta está abierta; el tanque de producción se desbloqueará y se abrirá solo si los contenedores de ingredientes escaneados coinciden con la lista de material para el lote).

Prevención de errores: señales y alarmas (por ejemplo, el subrayado rojo de ortografía incorrecta en Word).

Minimizar el impacto del error (inspección y prueba, o doble verificación de la adición de componentes a una mezcla).

8.1.4 Acciones reglamentarias: retiradas del mercado y evaluación de riesgos para la salud.

Las actividades de recuperación/retirada son uno de los ejemplos más claros del uso de actividades de gestión de riesgos dentro de nuestra industria. Las retiradas del mercado pueden realizarse por iniciativa propia de una empresa o por orden de la Administración bajo la autoridad legal para proteger la salud y el bienestar público- de productos que presenten un riesgo de lesión o engaño grave o que sean defectuosos.

Los establecimientos alimentarios deben disponer un plan de retirada, recuperación y comunicación inmediata a las autoridades sanitarias por mandato regulatorio (Reglamento (CE) N° 178/2002).

La empresa que realiza la retirada de un producto debe desarrollar una estrategia que tenga en cuenta los siguientes factores según se aplican a las circunstancias individuales de la retirada en particular:

- Resultados de la evaluación de peligros para la salud
- Facilidad para identificar el producto
- Grado en que la deficiencia del producto es evidente para el consumidor
- Grado en que el producto permanece sin uso en el mercado

Además, el Plan de retirada debe abordar los siguientes elementos con respecto a la realización del mismo:

1. Profundidad. Según el grado de peligrosidad del producto y el alcance de la distribución, la estrategia de la retirada especificará el nivel de la cadena de distribución al que se extenderá, de la siguiente manera:
   - Nivel de consumidor, que puede variar con el producto, incluido cualquier nivel intermedio mayorista o minorista.
   - Nivel minorista, incluido cualquier nivel mayorista intermedio.
   - Nivel mayorista.

2. Advertencia pública. El propósito de una advertencia pública es alertar al público de que un producto retirado presenta un peligro grave para la salud. Esto está reservado para situaciones urgentes en las que otros medios para evitar el uso del producto retirado parezcan inadecuados. La Administración, en consulta con la empresa que retira el producto, normalmente emitirá dicha publicidad. La estrategia de retirada especificará si se necesita una advertencia pública y si se emitirá como:

Una advertencia al público en general a través de los medios de comunicación generales, ya sean nacionales o locales, según corresponda.

Una advertencia pública a través de medios de comunicación especializados, por ejemplo, prensa profesional o comercial, o a segmentos específicos de la población, como médicos, hospitales, etc.

3. Comprobaciones de eficacia. El propósito de los controles de efectividad es verificar que todos los destinatarios (según la profundidad de retirada especificada por la estrategia) hayan recibido notificación sobre la retirada y hayan emprendido las acciones apropiadas. Los consignatarios pueden ser contactados a través de visitas personales, llamadas telefónicas, cartas o una combinación de los mismos. La empresa será responsable de realizar controles de efectividad, pero la Administración ayudará en esta tarea cuando sea necesario y apropiado. La estrategia de recuperación especificará los métodos que se utilizarán y el nivel de verificación de la eficacia que se llevará a cabo, de la siguiente manera:

- Nivel A. 100 por ciento del número total de consignatarios a contactar.
- Nivel B. Algún porcentaje del número total de consignatarios a contactar, porcentaje que se determinará caso por caso, pero es superior al 10 por ciento e inferior al 100 por ciento del número total de consignatarios.
- Nivel C. 10 por ciento del número total de consignatarios a contactar.
- Nivel D. Dos por ciento del total de consignatarios a contactar.
- Nivel E. Sin controles de eficacia.

Retirada iniciada por la empresa. Una empresa puede decidir por su propia voluntad y bajo cualquier circunstancia eliminar o corregir un producto distribuido. Una empresa que lo hace porque cree que el producto es infractor debe notificar de inmediato a la administración sanitaria. En tales casos, se le pedirá a la empresa que proporcione la siguiente información:

1. Identidad del producto de que se trate
2. Motivo de la eliminación o corrección y la fecha y circunstancias bajo las cuales se descubrió la deficiencia o posible deficiencia del producto
3. Evaluación del riesgo asociado a la deficiencia o posible deficiencia
4. Cantidad total de dichos productos producidos y/o el tiempo de producción
5. Cantidad total estimada de dichos productos en los canales de distribución
6. Información de distribución, incluido el número de receptores directos y, cuando sea necesario, la identidad de los receptores directas
7. Una copia de la comunicación de retirada de la empresa, si se ha emitido alguna, o una comunicación propuesta
8. Estrategia propuesta para llevar a cabo la retirada
9. Nombre y número de teléfono del responsable de la empresa con quien se debe contactar en relación con la retirada

Comunicación de retirada

La empresa que retira un producto es responsable de notificar de inmediato a cada uno de sus consignatarios directos afectados. El formato, el contenido y el alcance de una comunicación de retirada deben ser acordes con el peligro del producto que se retira y con la estrategia desarrollada para esa retirada. En términos generales, el propósito de una comunicación de retirada es transmitir:

– Que el producto en cuestión está sujeto a una retirada
– Que la distribución o uso posterior de cualquier producto restante debe cesar de inmediato

En caso necesario, el consignatario debe a su vez notificar a sus clientes que han recibido el producto retirado.

Instrucciones sobre qué hacer con el producto.
La comunicación de retirada debe escribirse de acuerdo con las siguientes pautas:

- Ser breve e ir a lo fundamental
- Identificar claramente el producto, tamaño, número(s) de lote, código(s) o número(s) de serie y cualquier otra información descriptiva pertinente para permitir la identificación precisa e inmediata del producto
- Explicar de manera concisa el motivo de la retirada y el peligro involucrado, si lo hubiera
- Proporcionar instrucciones específicas sobre lo que se debe hacer con respecto a los productos retirados
- Proporcionar un medio para que el destinatario informe a la empresa que realiza la retirada si tiene alguno de los productos (por ejemplo, mediante el envío de una carta con el franqueo pagado y su dirección o permitiendo que el destinatario realice una llamada por cobrar a la empresa que realiza la retirada)

La comunicación de retirada no debe contener calificaciones irrelevantes, materiales promocionales o cualquier otra declaración que pueda restar valor al mensaje. Si es necesario, se deben enviar comunicaciones de seguimiento a aquellos que no respondieron a la comunicación inicial de retirada. Los consignatarios que reciban una comunicación de retirada deben seguir de inmediato las instrucciones establecidas por la empresa que realiza la retirada y, cuando sea necesario, extender la retirada a sus consignatarios de acuerdo con las instrucciones descritas anteriormente.

Informes de estado de la retirada y recuperación. Es necesario que la empresa que realiza una retirada presente informes periódicos sobre el estado de la retirada a la Administración para que pueda evaluar el progreso de la retirada. La frecuencia de dichos informes estará determinada por la urgencia relativa de la retirada; por lo general, el intervalo de notificación será de dos a cuatro semanas. A menos que se especifique lo contrario o sea inapropiado en un caso de retirada determinado, el informe del estado de la retirada debe contener la siguiente información:

- Número de destinatarios notificados, y fecha y método de notificación
- Número de destinatarios que respondieron a la comunicación de retirada y cantidad de productos disponibles en el momento en que se recibió
- Número de consignatarios que no respondieron (si es necesario, la Administración puede solicitar la identidad de los consignatarios que no respondieron).
- Número de productos devueltos o corregidos por cada consignatario contactado y cantidad de productos contabilizado
- Número y resultados de las comprobaciones de eficacia realizadas.
- Plazos estimados para la finalización de la retirada

Terminación de la retirada. Una retirada del mercado finalizará cuando la Administración determine que se han hecho todos los esfuerzos razonables para eliminar o corregir el producto de acuerdo con la estrategia de retirada del mercado y cuando sea razonable suponer que el producto sujeto se eliminó o dispuso adecuadamente y se ha realizado una corrección proporcional al grado de peligro del producto retirado.

El anexo II incluye un modelo para elaborar un procedimiento de retirada.

8.1.5 Sistema CAPA

La aplicación de técnicas de gestión de riesgos al proceso CAPA se discutió en la Sección 5.1. El riesgo debe utilizarse para decidir la profundidad de las investigaciones de no conformidades y desviaciones, y dicha priorización debe basarse en el riesgo y la criticidad (gravedad) del problema. Las herramientas de gestión de riesgos también pueden proporcionar la base para identificar, evaluar y comunicar el impacto potencial en la calidad/seguridad de un defecto, queja, tendencia, desviación, resultado fuera de especificación, etc., y para facilitar la comunicación de riesgos y determinar la acción apropiada para abordar los incumplimientos significativos del producto en conjunto con las autoridades sanitarias, por ejemplo, actividades de retirada del mercado.

Los siguientes son algunos puntos críticos que debemos recordar:

- Vincular siempre sus procesos de investigación y CAPA al riesgo (importancia y magnitud) del suceso
- Proporcionar suficientes recursos para investigar, revisar y administrar su sistema CAPA
- Proporcionar tiempo suficiente para realizar actividades de investigación y CAPA
- Profesionalizar sus funciones de investigación y CAPA (utilice investigadores de tiempo completo).
- Establecer juntas multifuncionales para la evaluación de informes de investigación y para las actividades del plan CAPA
- Considera siempre sus funciones de investigación y CAPA entre sus procesos más críticos

Los resultados de las revisiones de CAPA deben revelar cualquier riesgo previamente no reconocido y la efectividad de las medidas de control de riesgos. Esta información también se debe utilizar para determinar la eficacia de las actividades de gestión de riesgos y determinar las acciones necesarias que deben tomarse para corregir los problemas identificados y prevenir su recurrencia. Por ejemplo, un fabricante recibe de un consumidor una queja de un problema relacionado con un producto que ha comprado. Se revisa la denuncia y se inicia una investigación. Durante la investigación, se determina que se había producido un cambio en el proceso de fabricación.

Entre las posibles causas:

- Evaluación inadecuada del cambio de proceso
- Revalidación inadecuada (o falta de)
- Medidas de control de riesgos inadecuadas
- Medidas de control de riesgos no evaluadas con el cambio

Para cualquier combinación de lo anterior, se espera que el sistema de gestión de riesgos utilice esta información que se ha recibido posterior a la comercialización para iniciar una evaluación de riesgos del diseño del producto. El alcance de la evaluación de riesgos revisada dependerá de los resultados de la investigación de la queja. Los resultados de cualquier evaluación de riesgos revisada deben documentarse. Cualquier medida de control de riesgos nueva o revisada será parte de las actividades generales de CAPA.

Durante la investigación de cualquier no conformidad o desviación, una de las primeras acciones a realizar una vez que se detecta un problema es una evaluación preliminar del impacto del suceso con base en los datos iniciales y la evidencia disponible. El resultado de esa evaluación de impacto inicial es una determinación del nivel de riesgo. Esta determinación nos ayudará a guiar los esfuerzos de nuestro proceso de investigación.

Como hemos visto en el Apartado 7.1 el APPCC es una herramienta que va a ayudarnos a analizar el riesgo y a determinar que acciones son necesarias para hacerle frente. Nos van a permitir utilizar un método sistemático para identificar y prevenir peligros razonablemente previsibles (entendiendo como tales "cualquier agente biológico, químico (incluidos los radiológicos) o físico que es conocido por estar, o tiene la posibilidad de estar en un determinado producto y proceso, asociado con la instalación o con el alimento, y que tenga el potencial razonable de ocasionar enfermedad o lesión antes de que ocurran.

Utilizando proactivamente, el APPCC, además de su carácter obligatorio, tendremos una excelente herramienta para aplicar acciones preventivas; esto es aquellas acciones que puede implementarse antes de que ocurran los fallos.

Cuando se conocen los peligros, se pueden poner en práctica medidas preventivas para controlarlos, previniendo así enfermedades o lesiones, aunque la mayoría de las empresas no ven el vínculo directo entre el APPCC y CAPA.

La Figura 6 muestra la interacción del APPCC y CAPA.

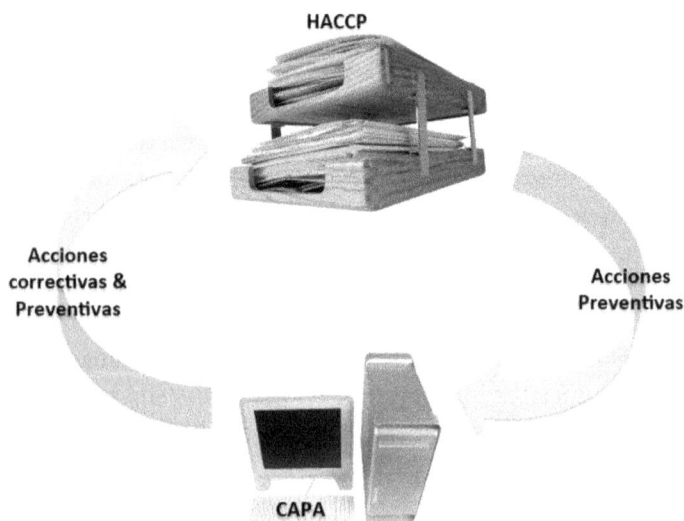

Figura 6. Interacción APPCC y CAPA

Como puede observarse en la Figura 6, un APPCC proactivo puede alimentar la CAPA con verdaderas acciones preventivas; esto es, acciones que pueden ser implementadas antes de que ocurra un primer fallo. Por otra parte, el sistema CAPA puede también proporcionar acciones correctivas y preventivas.

Ambos sistemas se retroalimentan en un proceso de círculo cerrado. Sin embargo, en muchas empresas este círculo no está cerrado y por ejemplo, en muchos casos, la única interacción entre el APPCC y CAPA comienza con una no conformidad. A este respecto, la pregunta que nos deberíamos hacer es: "¿el suceso es debido a un peligro incluido en el APPCC?". Desafortunadamente la respuesta más habitual, es que "No." y la acción que usualmente se realiza es revisar el APPCC para incluir ese peligro a posteriori. Sin embargo, como vemos esta acción no es proactiva como debería haber sido su enfoque previo, sino que es reactiva.

En un sistema CAPA efectivo, la respuesta a la pregunta: "¿el suceso se debe a un peligro incluido en el APPCC "debería ser" Sí " y deberíamos siempre realizar un re-análisis completo de nuestro APPCC.

8.1.6 Selección y Control de Proveedores

Las actividades de gestión de riesgos deben identificar los peligros y evaluar los riesgos, incluidos los potencialmente introducidos por los proveedores al principio del proceso de fabricación del producto. Las funciones y responsabilidades de gestión de riesgos del fabricante y el proveedor deben definirse como parte de los requisitos de compra.

Los criterios establecidos para la selección, evaluación y reevaluación de los proveedores de productos y servicios adquiridos también deben basarse en el riesgo asociado con los peligros identificados relacionados con los productos y servicios adquiridos según lo determinado durante el proceso de gestión de riesgos.

El aumento de la responsabilidad de la industria para evitar daños a los consumidores es fundamental para un sistema eficaz de seguridad de los productos alimenticios. Para reducir los riesgos, los fabricantes deben incorporar la calidad/seguridad en la fabricación de sus productos e implementar medidas preventivas efectivas en sus instalaciones, así como garantizar la implementación de tales medidas en las instalaciones de sus proveedores. Los fabricantes deben ser responsables de evaluar los peligros introducidos por sus operaciones y las de sus proveedores, implementar el SGC, vigilar los problemas antes de que causen daño a los consumidores, tomar medidas correctivas rápidas para evitar la recurrencia de cualquier peligro que no sea gestionado de manera efectiva y asegurar que los productos alimenticios que salen de sus instalaciones sean seguros.

La selección inicial y el seguimiento del proveedor deben tener en cuenta factores tales como:

- Requisitos legales existentes
- Estado general de cumplimiento e historial de la empresa o instalación
- Robustez de las actividades de gestión de riesgos de calidad/seguridad de una empresa
- Complejidad del proceso de fabricación
- Ingredientes asociados a peligros específicos de seguridad alimentaria (por ejemplo *Salmonella* en huevos crudos)
- Número e importancia de problemas de calidad/seguridad y retiradas de productos
- Resultados de auditorías/inspecciones anteriores

- Cambios importantes en edificios, equipos, procesos, personal clave
- Experiencia en la fabricación de un producto (por ejemplo, frecuencia, volumen, etc.)

En ocasiones, hay peligros que requieren un control aplicado a la cadena de suministro antes de que se reciba en su establecimiento de fabricación. Son peligros para los que ningún paso efectuado en sus instalaciones va a poder eliminarlo, minimizarlo o reducirlo a niveles seguros, por ejemplo, unos frutos secos con aflatoxinas. Debe entonces, disponer de un procedimiento documentado de aprobación de proveedores y debe determinar e implementar las actividades adecuadas de verificación para garantizar que el proveedor realmente controla el peligro que requiere de un control aplicado en la cadena de suministro. Entre estas actividades de verificación que deben efectuarse antes de su uso inicial y periódicamente están:

- Auditorías en el establecimiento proveedor (principalmente para los peligros que puedan ocasionar serias consecuencias adversas a la salud o la muerte
- Certificados de análisis
- Muestreo y análisis del producto del proveedor, en lo referente al peligro en cuestión. Esto lo puede hacer el proveedor o la instalación receptora
- Un examen a los registros pertinentes de seguridad alimentaria del proveedor, como tiempos y temperaturas de procesamiento
- Otros procedimientos basados en el riesgo asociados con el ingrediente y el proveedor

Una relación permanente con el proveedor es otra consideración importante. Algunas industrias pueden llevar muchos años con experiencia positiva respecto a un proveedor específico, lo que puede reducir el grado de actividades de verificación necesarias. Por el contrario, el cambio constante de proveedores de un ingrediente que requiere un control aplicado en la cadena de suministro puede ameritar una actividad intensificada de verificación, con el objeto de forjar confianza en la capacidad del proveedor para satisfacer los requerimientos de seguridad alimentaria. Además, puede que haya otros factores que se deban considerar, tales como el transporte y los métodos de almacenamiento utilizados por el proveedor, p. ej., cuando un alimento requiere refrigeración para su seguridad.

8.1.7 Flexibilidad en la aplicación del Sistema de gestión de seguridad alimentaria

El objetivo de la flexibilidad dentro de un SGSA es lograr la proporcionalidad de las medidas de control mediante la adaptación a la naturaleza y el tamaño del establecimiento. La aplicación de dicha flexibilidad **debe basarse en los riesgos**, y la mejor manera de lograrla es a través de un enfoque integrado teniendo en cuenta los PPR y las fases iniciales de los procedimientos basados en el sistema APPCC (análisis de peligros). En particular, un enfoque de análisis de peligros que utilice un sistema de evaluación cuantitativa o semicuantitativa del riesgo puede dar lugar a justificar los controles basados solamente en los PPR (sin identificar PCC) o a identificar un número muy limitado de PCC reales que hayan de ser objeto de vigilancia y tratados más a fondo dentro de los procedimientos basados en el sistema APPCC.

Flexibilidad en la aplicación de los PPR

Los Reglamentos sobre higiene alimentaria contienen varias disposiciones sobre flexibilidad, destinadas principalmente a facilitar la aplicación de los PPR en las pequeñas empresas:

a. Los PPR establecidos en el anexo I del Reglamento (CE) n° 852/2004, destinados a la producción primaria y a las operaciones conexas, son de carácter más general que los establecidos en el anexo II para otros operadores económicos.

b. En el anexo II del Reglamento (CE) n° 852/2004, se establecen requisitos generales y específicos simplificados res- pecto de los locales ambulantes o provisionales, los locales utilizados principalmente como vivienda privada pero donde regularmente se preparan productos alimenticios para su puesta en el mercado, y las máquinas expendedoras (capítulo III del anexo II).

c. Exclusiones del ámbito de aplicación (artículo 1) del Reglamento (CE) n° 852/2004, por ejemplo, el suministro directo por parte del productor de pequeñas cantidades de productos primarios al consumidor final o a establecimientos locales de venta al por menor para el abastecimiento del consumidor final.

d. Exclusiones del ámbito de aplicación (artículo 1) del Reglamento (CE) n° 853/2004, por ejemplo, el suministro directo por parte del productor de pequeñas cantidades de carne procedente de aves de corral y lagomorfos sacrificados en la explotación al consumidor final o a establecimientos locales de venta al por menor que suministran directamente dicha carne como carne fresca al consumidor final.

e. Exclusión de la mayoría de los comerciantes minoristas del Reglamento (CE) n° 853/2004 (artículo 1, apartado 5).

121

f. El control de entrada de los alimentos envasados en el comercio al por menor puede limitarse a comprobar el buen estado de los embalajes y la idoneidad de las temperaturas durante el transporte, mientras que las grandes instalaciones de transformación han de completar el control de entrada con muestreos y análisis regulares.

g. La limpieza y la desinfección en una pequeña carnicería podría aproximarse mucho a las buenas prácticas de higiene en una cocina, mientras que en grandes mataderos podría ser necesario contar con empresas externas especializadas.

h. Puede ignorarse el control del agua si se utiliza agua potable de la red pública, pero debería ampliarse si se utiliza la propia fuente de la empresa o el agua se recicla.

i. En el comercio minorista puede comprobarse visualmente la temperatura de refrigeración, mientras que en grandes instalaciones de refrigeración se utilizan sistemas de registro y de alerta automáticos.

j. La posibilidad de adaptar los PPR en virtud de la legislación nacional de conformidad con el artículo 10, apartado 4, del Reglamento (CE) n° 853/2004:

    i. permitir seguir utilizando métodos tradicionales;

    ii. responder a las necesidades de los operadores situados en regiones con condicionantes geográficos particulares (por ejemplo, zonas alejadas, zonas de montaña, pequeñas islas remotas, etc.);

iii. en cualquier establecimiento en lo que respecta a la construcción, el diseño y el equipo.

Flexibilidad en la aplicación de los principios basados en el APPCC

Los siete principios del APPCC constituyen un modelo práctico para identificar y controlar permanentemente los peligros importantes. Esto significa que, cuando ese objetivo puede alcanzarse por medios equivalentes que sustituyen de una manera simplificada, pero eficaz, algunos de esos siete principios, debe considerarse que se cumple la obligación establecida en el artículo 5, apartado 1, del Reglamento (CE) n° 852/2004. Sin embargo, siempre hay que tener en consideración que **la flexibilidad no está destinada a reducir los PCC y no debe poner en peligro la seguridad alimentaria.**

El Considerando 15 del Reglamento (CE) n° 852/2004, en lo que se refiere a los procedimientos basados en el APPCC dice: "los requisitos relativos al APPCC deben tener en cuenta los principios incluidos en el CODEX. Deben ser suficientemente flexibles para poder aplicarse en todas las situaciones, incluido en las pequeñas empresas. En particular, es necesario reconocer que en determinadas empresas alimentarias no es posible identificar puntos de control crítico y que, en algunos casos, las prácticas higiénicas correctas pueden reemplazar el seguimiento de puntos de control crítico. De modo similar, el requisito de establecer "límites críticos" no implica que sea necesario fijar una cifra límite en cada caso. Además, el requisito de conservar documentos debe ser flexible para evitar cargas excesivas para empresas muy pequeñas".

El artículo 5, apartado 2, letra g), del Reglamento (CE) n° 852/2004 establece dos criterios principales de riesgo que hacen que un operador económico pueda optar a la flexibilidad por lo que se refiere a los procedimientos basados en el APPCC: su naturaleza y su tamaño.

a. La naturaleza es la base de un enfoque basado en el riesgo y depende de la actividad del operador, por ejemplo:

    – transformación, envasado, etc., o solamente almacenamiento de alimentos envasados
    – fase de reducción/eliminación del peligro (por ejemplo, la pasteurización) al final o no
    – alimentos de origen animal (lo que provoca un mayor número de brotes de enfermedades transmitidas por los alimentos) o no
    – peligros inherentes a las materias primas o los ingredientes
    – requisitos de temperatura en la manipulación/almacenamiento o no

El análisis de peligros desempeña un papel crucial en la evaluación del riesgo.

b. El tamaño (volumen de producción, volumen total, etc.) está vinculado a la proporcionalidad para los operadores de las pequeñas empresas y se plasma ante todo en una reducción de la carga administrativa (uso de guías genéricas, alcance de la documentación, registros, etc.).

Hay elaboradas Guías genéricas para la aplicación de procedimientos basados en el APPCC. Proponen peligros y controles comunes a determinadas empresas alimentarias, y ayudar a la dirección o al equipo APPCC en el proceso de producción de procedimientos o métodos de seguridad alimentaria, basados en un análisis genérico de peligros, y de registro apropiado. Sin embargo, los operadores de empresas alimentarias deben ser conscientes de que pueden existir otros peligros, por ejemplo, los relacionados con la disposición de su establecimiento o con el proceso aplicado, y de que esos peligros no pueden predecirse en una guía genérica de APPCC.

En algunos casos, debido a la naturaleza del operador alimentario y de los alimentos que este manipula, un análisis de peligros (genérico) puede servir para demostrar que no se ha identificado un peligro muy significativo y que, por tanto, no hay necesidad de PCC. En este caso, todos los peligros alimentarios pueden ser controlados por la aplicación de PPR solos o combinados con la aplicación de determinados Prerrequisitos operativos (PPRO), Controles preventivos según lo especificado en la regulación de la FDA Análisis de Peligros y Controles Preventivos basados en el riesgo (ver apartado 2.3). Sin embargo, es preciso subrayar que la flexibilidad sobre el análisis de peligros no está directamente vinculada al tamaño del establecimiento y no es apropiada, aunque la empresa sea pequeña, por ejemplo:

- cuando exista una elevada probabilidad de que falle el método de transformación, como el enlatado o el envasado al vacío
- en la producción de alimentos destinados a grupos de consumidores vulnerables
- en el control de los alérgenos en los productos respecto de los que se haya declarado que no contienen alérgenos.

En 2017 la Autoridad Europea de Seguridad Alimentaria (EFSA) publicó una opinión científica donde se ofrecía un enfoque simplificado del análisis de peligros para pequeños establecimientos minoristas como carnicerías, pescaderías, panaderías, heladerías y tiendas de comestibles para la aplicación de sus sistemas de gestión de la seguridad alimentaria[8].

---

[8] https://www.efsa.europa.eu/en/efsajournal/pub/4697

En 2018 EFSA ha publicado la segunda Opinión científica donde se ofrece un enfoque simplificado del análisis de peligros para pequeños establecimientos minoristas (centros de distribución minoristas, supermercados, restaurantes (incluidos los pubs y otros establecimientos de restauración) y para la donación de alimentos[9].

8.2 Documentos y registros/ gestión de cambios

Las técnicas de gestión de riesgos pueden ser muy útiles durante el control y gestión de cambios en documentos y registros. El control de cambios requiere tres elementos:

a. La descripción del cambio propuesto
b. Por qué es necesario el cambio
c. Por qué el cambio es aceptable

Las situaciones de riesgo asociadas a este elemento van desde la justificación inadecuada de los cambios propuestos (incluida la falta de estudios de respaldo, validaciones, etc.) hasta el uso de documentos no aprobados u obsoletos. Se recomienda encarecidamente establecer algún tipo de matriz de criticidad para evaluar el impacto en la calidad del producto de los cambios en las instalaciones, equipos, materiales, procesos de fabricación, métodos de análisis, etc. Según el resultado de esta evaluación de riesgos, se pueden agregar controles adicionales (como por ejemplo la aprobación por la alta dirección) al proceso de aprobación de cambios.

También se deben utilizar técnicas de gestión de riesgos para determinar las acciones apropiadas antes de la implementación de un cambio, por ejemplo, pruebas adicionales, (re)calificación, (re)validación o comunicación

---

[9] : https://www.efsa.europa.eu/en/efsajournal/pub/5432

con la autoridad sanitaria (notificación de aprobación previa, etc.). Finalmente, las técnicas de gestión de riesgos se pueden utilizar para identificar equipos, instalaciones e ingredientes de alto riesgo que deben mantenerse bajo un estricto control de cambios, así como otros equipos e instalaciones que se pueden colocar bajo un programa de gestión de cambios más simple.

8.3 Integridad de datos

Desarrollar un alimento y ponerlo en el mercado involucra diferentes actores y actividades. Un paso fundamental está relacionado con la solidez y precisión de los datos presentados por los fabricantes a las autoridades sanitarias. Estos datos deben ser **íntegros, completos, precisos y verdaderos** para garantizar la calidad/seguridad de los productos alimenticios así fabricados. Se incluyen registros de la implementación del sistema de análisis de peligros (vigilancia de PCC o controles preventivos, medidas correctivas, verificación…), formación, buenas prácticas de manipulación, buenas prácticas de fabricación…y cualquier otro registro que sirva para demostrar la implantación y eficacia del sistema de gestión del establecimiento.

Los fallos en la gestión de la integridad de los datos pueden deberse a un control sistémico deficiente de los sistemas de gestión de datos debido a la falta de conocimiento y al error humano, datos intencionalmente ocultos, falsificados o engañosos.

La integridad de los datos permite una buena toma de decisiones por parte de los fabricantes y las autoridades competentes. Es un requisito fundamental del sistema de gestión de los fabricantes de alimentos, que se aplica por igual a los sistemas manuales (en papel) y electrónicos. La promoción de una cultura de calidad junto con la implementación de medidas organizativas y técnicas que aseguren la integridad de los datos es responsabilidad de la alta dirección. Requiere la participación y el compromiso del personal de todos los niveles de la empresa, de los proveedores de la empresa y de sus distribuidores.

La alta dirección debe asegurarse de que el riesgo de integridad de datos se evalúe, mitigue y comunique de acuerdo con los principios de gestión de riesgos. El esfuerzo y los recursos asignados a las medidas de integridad de datos deben de ser proporcionales al riesgo para la calidad/seguridad del producto y deben de estar equilibrados con otras demandas de recursos del departamento de garantía de calidad. Cuando se identifiquen medidas a largo plazo para lograr el estado de control deseado, se deben implementar medidas provisionales para mitigar el riesgo y se debe vigilar su efectividad.

8.4 Instalaciones y equipos

Las instalaciones y equipos son dos elementos esenciales, junto con las personas que trabajan, de cualquier establecimiento de fabricación de alimentos. Los ciclos de vida de las instalaciones y equipos son similares, desde la instalación inicial hasta el desmantelamiento final, y las técnicas de gestión de riesgos son una parte integral de esas actividades. Al evaluar el riesgo del emplazamiento y de las zonas circundantes, debe tenerse en cuenta la proximidad de las potenciales fuentes de contaminación, el suministro de agua, la eliminación de las aguas residuales, el abastecimiento de energía, el acceso a los medios de transporte, el clima, las posibles inundaciones, etc.

Al distribuir el espacio deben separarse estrictamente las zonas contaminadas (poco mantenimiento) y las zonas limpias (mucho mantenimiento) (también puede optarse por una separación temporal e intercalar una limpieza adecuada); deben disponerse adecuadamente las salas para los flujos de producción unidireccionales, y los locales refrigerados o las instalaciones de calentamiento han de estar aislados.

Durante el diseño de instalaciones y equipos, estas técnicas ayudan a determinar las zonas apropiadas en áreas como, por ejemplo:

- Flujo de material y personal
- Minimizar la contaminación, especialmente la contaminación cruzada
- Medidas de control de plagas
- Prevención de confusiones
- Equipos abiertos versus equipos cerrados
- Salas limpias frente a tecnologías de aislamiento para productos asépticos/estériles
- Salas de envasado en alimentos listos para el consumo
- Instalaciones/equipos dedicados o segregados

También se pueden usar para determinar los materiales que son apropiados para estar en contacto con el producto en equipos y contenedores (por ejemplo, selección de grado de acero inoxidable, juntas y lubricantes), determinar equipos auxiliares apropiados (por ejemplo, vapor, gases, fuente de energía, aire, calefacción, ventilación, climatización, agua, etc.), y determinar medidas preventivas adecuadas o el mantenimiento de equipos asociados (por ejemplo, inventario de repuestos necesarios). La Tabla 9 describe la utilización de la gestión de riesgos para el control de instalaciones y equipos.

Tabla 9. Utilización de gestión de riesgos en instalaciones y equipos.

Tópico	Actividad
Higiene	Para proteger el producto de los peligros ambientales, incluidos los peligros químicos, microbiológicos y físicos

	Para proteger al personal y al medio ambiente de los peligros relacionados con el producto que se fabrica
Limpieza	Para diferenciar esfuerzos y decisiones en función del uso previsto (por ejemplo, equipos dedicados a un solo producto versus varios productos (por ejemplo, por alérgenos), por lotes versus producción continua) Para determinar los límites de validación de limpieza apropiados
Calibración y mantenimiento	Para establecer la calibración adecuada Para establecer programas de mantenimiento, incluido el mantenimiento preventivo

En los últimos años, el estado de algunas instalaciones de fabricación envejecidas es un área de preocupación tanto para los fabricantes alimentos como para las autoridades competentes. En muchos informes de inspección y auditorías de control oficial se incluyen menciones de "mantenimiento deficiente", muy a menudo relacionado con instalaciones envejecidas que conllevan que no se prevenga la contaminación y se dificulten las operaciones de limpieza y desinfección.

A continuación, les mostramos un ejemplo de cómo aplicar los principios de gestión de riesgos al diseñar la frecuencia del procedimiento de limpieza y desinfección en un establecimiento que elabora alimentos listos para el consumo[10] que pueden tener el peligro de Listeria[11]. La frecuencia ha de ser suficiente para garantizar el control de *L. monocytogenes* y para minimizar las condiciones que promueven la supervivencia o la multiplicación en el medio ambiente. Así, en base al riesgo se debe revisar por ejemplo entre otras cuestiones el diseño de la sala y del equipo, el perfil microbiológico durante un proceso de producción, el historial de *Listeria* spp., en la zona y en la línea, y el grado de exposición del producto al medio ambiente.

8.5 Control de producción y proceso

Las técnicas de gestión de riesgos se pueden utilizar en las áreas de producción para:

- Evaluar la frecuencia y el alcance de los análisis de control (materia prima, producto intermedio y producto final). Dicho análisis se puede utilizar, por ejemplo, para justificar la reducción de frecuencia de muestreos microbiológicos (Reglamento (CE) nº 2073/2005) en pequeños mataderos y establecimientos que producen carne picada, preparados de carne o carne fresca de aves en pequeñas cantidades en el en aras de la flexibilidad que establece el Reglamento (CE) 852/2004 en cuanto a los requisitos relativos a los procedimientos basados en el APPCC

---

[10] alimentos destinados por el productor o el fabricante al consumo humano directo sin necesidad de cocinado u otro tipo de transformación eficaz para eliminar o reducir a un nivel aceptable los microorganismos peligrosos

[11] Para más profundidad consultar libro de los autores: Martín María A. y Delgado ML. Directrices para el control de *Listeria monocytogenes* en productos cárnicos listos para el consumo. Texto electrónico (pdf), 124 p. Consejería de Salud y Familias, 2020. QW 142.5.A8. Editorial Junta de Andalucía. Consejería de Salud y Familias.

- Establecer la idoneidad de los equipos y la frecuencia de limpieza, mantenimiento y calibración, los cuales deben ser considerados con referencia a los riesgos asociados al proceso
- Establecer un plan de monitoreo ambiental
- Revisar y actualizar los procedimientos y las instrucciones de trabajo para reflejar las medidas de control de riesgos adecuadas
- Determinar la planificación de producción adecuada (por ejemplo, secuencias de proceso de producción simultáneas)
- Establecer criterios de trazabilidad

Siguiendo con el ejemplo anterior de cómo aplicar los principios de gestión de riesgos en un establecimiento que elabora alimentos listos para el consumo que pueden tener el peligro de Listeria, al establecer por ejemplo la frecuencia para el muestreo de rutina debe de tenerse en cuenta:

- Formulación y tratamientos listericidas o listeriostáticos
- Si el alimento tiene una elevada vida útil
- Si el alimento favorece o no el crecimiento
- Exposición del producto al ambiente de procesamiento después del tratamiento listericida pero antes del envasado.
- Manipulación del producto por el personal antes del envasado
- Flujos de tránsito e interacciones del personal con los productos y equipos
- Separación física de los productos crudos y de los alimentos listos para el consumo
- Dificultades del diseño de equipos e instalaciones
- Análisis de tendencias

– Reparaciones y mantenimientos

Así, por ejemplo, se pautará una menor frecuencia si se aplica un **tratamiento post letalidad**[12] *(suficiente para eliminar los niveles de contaminación por Lm que puedan ocurrir: debe demostrar al menos una disminución de 1 logaritmo antes de que el producto se comercialice)*, por ejemplo pasteurización tras envasado. Si se aplica un **agente**[13] **y/o proceso**[14] **antimicrobiano** que reduzcan, limiten o supriman el desarrollo de *Listeria monocytogenes* (<2 log de desarrollo en vida útil) o si el alimento listo para el consumo favorece o no el desarrollo de *L. monocytogenes*.

Además, en base a esa evaluación de riesgo, las frecuencias de muestreo deben aumentarse, o deben

---

[12] Tratamiento posletal: es un tratamiento de letalidad que se aplica o es eficaz después de que el producto haya sido expuesto a un entorno de procesamiento donde puede haberse recontaminado. Se aplica al producto final o al paquete sellado para reducir o eliminar el nivel de patógenos resultantes de la contaminación por exposición posterior a la letalidad. Dicho tratamiento puede incluir un tratamiento térmico, como la pasteurización posterior al envasado, radiaciones ionizantes o altas presiones.

[13]Agente antimicrobiano: una sustancia incluida o añadida a un alimento listo para el consumo que tiene el efecto de reducir o eliminar un microorganismo, incluido un patógeno como *L. monocytogenes*, o que tiene el efecto de inhibir o limitar el crecimiento de *L. monocytogenes* a lo largo de toda la vida del producto (p. ej. lactato de potasio y diacetato de sodio).

[14] Proceso antimicrobiano: una operación como la congelación, el secado, la fermentación, etc., que inhibe o limita el crecimiento de un microorganismo como *L. monocytogenes* a lo largo de toda la vida útil del producto.

añadirse muestras intensificadas adicionales, en función de un cambio en el riesgo que incluya por ejemplo lo siguiente:

- Actividades de construcción o reparación
- Cambio en el plan APPCC
- Adición de un nuevo ingrediente o producto
- Goteras en el techo, condensación, averías del equipo u otros sucesos que podrían cambiar o aumentar la probabilidad de contaminación del producto
- Tendencias: incremento de los positivos en el muestreo de rutina
- Un mayor incremento en el recuento de placas de aerobios o recuentos de bioluminiscencia (ATP) que indican problemas de limpieza y desinfección

Finalmente debe seleccionar los lugares de muestreo en función de la posibilidad de que el sitio esté contaminado con *L. monocytogenes*. Así, en base al riesgo, puede caracterizar las áreas de su establecimiento de acuerdo con el potencial de contaminación del producto basándose en el conocimiento de los procesos, productos, flujos, distribución y diseño de salas de elaboración y envasado, tránsito de personal, o si son superficies de contacto con el producto o superficies ambientales (sin contacto con el alimento).

8.5.1 Análisis de tendencias y control estadístico de procesos

Los fabricantes necesitan vigilar y analizar continuamente los datos para detectar cualquier tendencia en desarrollo. El análisis de los datos debe demostrar que las decisiones y las medidas de control de riesgos determinadas dentro del proceso de gestión de riesgos son adecuadas.

Las técnicas de gestión de riesgos ayudarán durante:

- Selección, evaluación e interpretación de los resultados de tendencia de los datos dentro de la revisión del producto.
- Interpretación de datos de vigilancia (por ejemplo, para respaldar una evaluación de la idoneidad de la revalidación o cambios en los métodos de muestreo).
- El proceso de mejora continua a lo largo del ciclo de vida del producto.

8.5.2 Controles de laboratorio

Los laboratorios de control de calidad (físico-químicos y microbiológicos) representan una de las áreas más críticas en cualquier sitio de fabricación de alimentos. Los análisis se realizan en laboratorios de control de calidad internos o subcontratistas. Los resultados falsos positivos o falsos negativos representan un gran riesgo para la organización y deben evaluarse cuidadosamente.

Muchas veces, ante resultados no conformes los análisis se repiten y se repiten hasta que se "obtiene" una muestra con un resultado conforme, sin realizar una investigación de esos resultados fuera de especificaciones. En otras ocasiones no se encuentra la causa raíz y esas investigaciones a menudo se cierran como "no concluyentes".

La mayoría de estas consideraciones de riesgo deben cubrirse durante la cualificación y validación del método de prueba, lo que proporcionará un nivel elevado de confianza en las capacidades del laboratorio y, por lo tanto, en los resultados obtenidos. Las técnicas de gestión de riesgos deben aplicarse a cualquier fuente de fallo que pueda afectar la precisión y/o fiabilidad de un resultado de laboratorio. Por lo tanto, durante el trabajo de validación de un método de análisis deben responderse las siguientes preguntas de gestión de riesgos:

- ¿Qué puede salir mal durante el análisis?
- ¿Cómo es de malo?

- ¿Con qué frecuencia puede suceder?
- ¿Qué se puede hacer para mitigar/reducir el riesgo?

8.5.3 Envasado y Etiquetado

Hay tres áreas principales en las que los fabricantes de alimentos pueden beneficiarse del uso de herramientas de gestión de riesgos para evaluar los elementos de envasado y etiquetado:

a. Diseño de envases. Para diseñar el envase secundario para la protección del envase primario del producto (por ejemplo, para garantizar el vacío o la atmósfera modificada, la legibilidad de la etiqueta).

b. Selección del sistema de cierre del envase. Determinar los parámetros críticos del sistema de cierre de envases.

c. Controles de etiquetas. Diseñar procedimientos de control de etiquetas basados en la posibilidad de confusiones que involucren diferentes etiquetas de productos, incluidas diferentes versiones de la misma etiqueta o errores de etiquetado con consecuencias graves, por ejemplo, omisión de alérgenos.

8.5.4 Materiales

El conocimiento profundo de los materiales puede mitigar el potencial de contaminación (microbiológica, química y física). Debe prestarse atención no solamente al suministro de materias primas, sino también al de aditivos, coadyuvantes tecnológicos, material de embalaje y material destinado a entrar en contacto con alimentos.

El control de materiales para la seguridad también incluye la identificación (ser capaz de verificar que ha recibido el material correcto) porque una confusión debido a la presencia de un material identificado incorrectamente en un proceso de fabricación podría comprometer la seguridad. El control de las materias primas es esencial para asegurar la consistencia de lote a lote porque la variación en ellas puede afectar directamente la variación tanto del producto como del proceso. Un programa eficaz de materiales también garantizará suministros constantes. Una sola fuente para un determinado material vital puede ser una importante inversión financiera y riesgo de aseguramiento de la calidad/seguridad. Si un proveedor cierra o tiene problemas de calidad/seguridad, ¿se puede obtener esa materia prima en otro lugar? ¿Se ha evaluado y aprobado una segunda fuente de aprovisionamiento en caso de que la fuente primaria ya no esté disponible? ¿La segunda fuente tiene la capacidad para satisfacer sus necesidades?

Algunos usos de las técnicas de gestión de riesgos para materiales son:

- Determinar si es apropiado utilizar material en cuarentena
- Determinar la idoneidad de un reprocesamiento o reelaboración
- Garantizar el mantenimiento de condiciones apropiadas de almacenamiento y transporte (por ejemplo, temperatura, humedad, diseño del envase)
- Determinar los principios del "primero en entrar, primero en salir" o de que el primer producto que caduque sea el primero que se expida
- Determinar la estabilidad de las materias primas y envases
- Para determinar si una materia prima es nueva en el proceso o es el resultado de un cambio en una materia prima existente (si es el resultado de un cambio, ¿qué estudios se han realizado para asegurar la comparabilidad)?
- Determinar si el uso de la materia prima en un ambiente de fabricación presenta riesgos de seguridad y/o uso previsto

ANEXO 1

Anexo I. Ejemplo de clasificación de alimentos de alto, medio o bajo riesgo.

<u>Alimentos de alto riesgo listos para el consumo:</u>
Leche y derivados:
- Quesos:
  o pasta blanda
  o pasta media
  o pasta dura a base de leche sin pasteurizar
- Helados

Pescado y productos de la pesca:
- Ahumado
- Salazones
- Envasados Acidificados y/o de baja acidez
- Crustáceos o moluscos cocidos

Huevos y derivados:
- Liofilizados
- Ovoproductos

Carne y derivados (incluida carne de ave) destinados a ser consumidos crudos o cocinados:
- Preparados cárnicos
- Productos cárnicos

- Envasados Acidificados y/o de baja acidez

Hortalizas, verduras, setas, frutas y derivados:

- Ensaladas preparadas de IV gama listas para el consumo
- Semillas germinadas listas para el consumo

Platos preparados y/o precocinados

Preparados alimenticios con fórmulas específicas (alimentos infantiles y para lactantes, alimentos dietéticos, alimentos para usos médicos especiales)

<u>Alimentos de riesgo medio:</u>

Leche y derivados:

- Leche pasteurizada y/o UHT
- Quesos:
  - o Pasta dura a base de leche pasteurizada
- Mantequilla
- Postres no lácteos pasteurizados y/o UHT

Pescado y productos de la pesca frescos:

- Pescado
- Crustáceos
- Moluscos

Huevos frescos:

- Gallina
- Otras especies

Aceites y grasas comestibles

Hortalizas, verduras, setas, frutas y derivados:

- Frescos
- Cortados y lavados

Tubérculos y derivados

Leguminosas

Harinas y derivados: pasta

Bollería y masas horneadas

Dulces

Cereales

Especias y condimentos

Alimentos estimulantes y derivados
Edulcorantes naturales y derivados
- Caramelos
- Chocolate y productos
Bebidas alcohólicas
Aguas y hielo
Bebidas no alcohólicas
Zumos de fruta y hortaliza pasteurizados
Sopas
Preparados para desayunar, patatas fritas y aperitivos
Suplementos dietéticos:
- Proteínas, aminoácidos, aceites y lípidos
- Vitaminas y minerales
- Extractos animales
- Vegetales
Aditivos, aromas y coadyuvantes tecnológicos

Alimentos de bajo riesgo:
Alimentos almacenados a temperatura ambiente a granel
o envasados
Alimentos almacenados congelados

ANEXO 2

Este anexo contiene orientaciones para elaborar un Procedimiento de Retirada y de Comunicación inmediata a las Autoridades Sanitarias.

ÍNDICE
PLAN DE RETIRADA
- Introducción
- Evaluación de riesgos para la salud

EQUIPO DE RETIRADA
DETERMINAR SI ES NECESARIA UNA ACCIÓN DE RETIRADA
RETIRADA
DISPOSICIÓN DEL PRODUCTO
EFECTIVIDAD DE LA RETIRADA
SIMULACIÓN DE RETIRADA
PLANTILLAS DE INFORMACIÓN PARA LA COMUNICACIÓN CON LAS AUTORIDADES SANITARIAS
- INFORMACIÓN DEL PRODUCTO
- EMPRESA CONTACTOS
- MOTIVO DE LA RETIRADA
- VOLUMEN DE PRODUCTO RETIRADO
- PATRÓN DE DISTRIBUCIÓN

- LISTA DE CONSIGNATARIOS
- ESTRATEGIA DE RECUPERACIÓN
  - Nivel en la cadena de distribución
  - Instrucciones para la Notificación al Consignatario
- COMPROBACIONES DE EFICACIA
  - Resumen de comprobación de eficacia
  - Destrucción/reacondicionamiento del producto
- BORRADOR Aviso de retirada

ANEXOS
Anexo 1 Determinación de cuándo emitir una retirada
Anexo 2 Modelo de Carta de verificación de efectividad (industria)
Anexo 3 Modelo de respuesta de verificación de efectividad (industria)
Anexo 4 Modelo de Cuestionario de verificación de efectividad del modelo para visitas telefónicas o personales (industria)
Anexo 5 Modelo de carta de retirada (genérico)
Anexo 6 Modelo de respuesta de devolución
Anexo 7. Comunicación Inmediata a las Autoridades Sanitarias

PLAN DE RETIRADA
Introducción
Una retirada del mercado es una acción voluntaria u obligatoria realizada por una empresa para retirar del comercio productos alimenticios no aptos para el consumo. Las autoridades sanitarias se coordinan con la empresa para asegurarse que haya identificado y retirado correctamente el producto del comercio mediante la verificación de la efectividad de sus actividades de retirada y para decidir la notificación al público sobre las retiradas de productos.

De conformidad con el Art.19 punto 1 del Reglamento (CE) nº 178/2002 y del Capítulo II Art.4 3.b del Real Decreto 1801/2003, si un explotador de empresa alimentaria considera o tiene motivos para pensar que alguno de los alimentos que ha importado, producido, transformado, fabricado o distribuido no cumple los requisitos de seguridad de los alimentos procederá inmediatamente a su retirada del mercado e informará de ello a las autoridades competentes.

Es por ello que ha de elaborar un Plan que especifique cómo decidir si debe realizar una retirada del producto y que describa los procedimientos que seguirá si decide o se obliga por las autoridades sanitarias, que es necesario retirar un producto.

Evaluación de riesgos para la salud.

El plan debe especificar el método que va a seguir para determinar la decisión de realizar una retirada del mercado si un producto no es apto y está en el comercio, evaluando la naturaleza y el alcance de los riesgos para la salud asociados con el mismo. Para esta evaluación de riesgo debe tener en cuenta lo siguiente:

Si ya se han producido enfermedades o lesiones por consumir el producto;

- Qué peligros se dirigen a varios segmentos de la población (p. ej., niños, ancianos, personas inmunodeprimidas, etc.), con especial atención a las personas con mayor riesgo;
- Cómo de grave es el peligro (s) para la salud al que estaría expuesta la población en riesgo;
- Cómo de probable es que ocurra el peligro (s); y
- Qué pasaría si lo hiciera.

Estos son algunos ejemplos que le pueden ayudar al desarrollar su plan de recuperación (esta lista no es exhaustiva).

o Alérgeno no declarado: ¿Qué peligros para la salud pueden surgir si se consume un producto enviado desde su establecimiento que contiene un alérgeno no declarado?

o Quejas de los consumidores: ¿Cuáles son los riesgos para la salud si recibe una queja de un consumidor sobre un material extraño, como vidrio o metal, en el producto que se envió desde su establecimiento?

o Procesamiento insuficiente: ¿Cuáles son los peligros para la salud si descubre que algunos de los productos han sido procesados de manera insuficiente? Si su planta produce productos listos para el consumo y productos crudos, ¿serán diferentes los peligros para estos?

EQUIPO DE RETIRADA

El plan de retirada debe contener una lista de todo su personal interno y externo que participará en la retirada y pueden ejecutar de manera efectiva los procedimientos de retirada de un producto cuando sea necesario.

Los miembros del equipo deben representar una variedad de departamentos dentro de la empresa y cada uno debe actuar como líder dentro de su departamento. Debe haber un coordinador del equipo de retirada que sea responsable de administrar, mantener y modificar el plan cuando sea necesario. El coordinador de la retirada puede recomendar una retirada, pero la decisión final depende de la gerencia.

Incluya las funciones y responsabilidades, números de teléfono, números de fax y direcciones de correo electrónico. Debe incluir el número de teléfono y correo de contacto de las autoridades sanitarias y debe notificarlo a las mismas dentro de las 24 horas.

Asignación	Persona	Información de contacto
Responsable de fabricación Alternativo:		Trabajo: xxx-xxx-xxxx Móvil: xxx-xxx-xxxx Particular: xxx-xxx-xxxx
Publicidad y Relaciones Públicas Alternativo:		Trabajo: xxx-xxx-xxxx Móvil: xxx-xxx-xxxx Particular: xxx-xxx-xxxx
Ventas y Marketing Alternativo:		Trabajo: xxx-xxx-xxxx Móvil: xxx-xxx-xxxx Particular: xxx-xxx-xxxx
Consultoría Alternativo:		Trabajo: xxx-xxx-xxxx Móvil: xxx-xxx-xxxx Particular: xxx-xxx-xxxx
Logística y Recepción Alternativo:		Trabajo: xxx-xxx-xxxx Móvil: xxx-xxx-xxxx Particular: xxx-xxx-xxxx
Calidad Alternativo:		Trabajo: xxx-xxx-xxxx Móvil: xxx-xxx-xxxx Particular: xxx-xxx-xxxx
Economía Alternativo:		Trabajo: xxx-xxx-xxxx Móvil: xxx-xxx-xxxx Particular: xxx-xxx-xxxx
Legal Alternativo:		Trabajo: xxx-xxx-xxxx Móvil: xxx-xxx-xxxx Particular: xxx-xxx-xxxx
Apoyo administrativo		Trabajo: xxx-xxx-xxxx Móvil: xxx-xxx-xxxx Particular: xxx-xxx-xxxx
Autoridades sanitarias		Trabajo: xxx-xxx-xxxx

DETERMINAR SI ES NECESARIA UNA ACCIÓN DE RETIRADA

Problema informado por	Acción inicial	Decisiones	Acciones
Las autoridades sanitarias creen que su producto puede estar causando enfermedades	Reúna al equipo de retirada y pregunte a las autoridades si se recomienda la retirada		**Si no es necesario retirar:** Documente por qué no y acción.
Medios de comunicación sobre un problema con un tipo de alimento que produce	Reúna el equipo de recuperación, revise los registros internos	Evaluar la situación; decidir si, qué y cuánto producto retirar	**Si es necesario retirar:** Asignar responsabilidades Reunir evidencias
El control de calidad interno o la información del cliente sugieren un problema potencial	Reúna el equipo de recuperación y revise los registros internos		Analizar evidencia Comunicarlo Monitorear la retirada Desechar el
Las autoridades sanitarias creen que su producto está causando enfermedades	Reúna al equipo de retirada y comunique con las autoridades sanitarias		producto Solicitar la terminación de la retirada Reunir el equipo de retirada e informar

			Prepararse para asuntos legales

El éxito de la retirada de un producto dependerá en gran medida de la precisión con la que los registros de la empresa puedan identificar productos específicos mediante parámetros como números de serie o códigos y números de lote. Es vital mantener registros (facturas, facturas de venta, documentación de envío, etc.) en archivo para ayudar a rastrear todos los ingredientes crudos incluidos en el producto. La trazabilidad del producto debe comenzar con el suministro de materias primas y el progreso a través del sistema de producción y distribución. Es fundamental contar con un sistema eficaz de control de documentos en caso de que sea necesario retirar un producto. Hay que poder identificar los productos por un número de lote, número de serie, número de lote y/o fecha de vencimiento y se debe establecer un sistema de registros de seguimiento e identificación práctico y eficiente antes de que se distribuyan los productos.

La información registrada que debe proporcionarse incluye:

- Identificación de producto
- Registros de producción
- Datos de pruebas microbiológicas/de seguridad
- Información de distribución

Cada vez que se realice una retirada, si es voluntaria, comuníquese con las autoridades sanitarias de inmediato, incluso si toda la información aún no está recopilada por completo.

RETIRADA

La profundidad de una retirada depende del grado de peligro, el alcance de la distribución y el nivel al que se distribuyó el producto retirado. Los niveles de profundidad se clasifican como:

o Nivel mayorista: El producto ha sido distribuido a un almacén o centro de distribución donde no está bajo el control directo de la empresa productora.

o Nivel minorista: los minoristas han recibido el producto para venderlo a los consumidores domésticos.

o Nivel colectivo: el producto ha sido recibido por hoteles, restaurantes y comedores institucionales.

o Nivel de consumidor: El producto ha sido vendido a los consumidores finales.

Retirar del mercado los productos puede ser bastante simple o muy complicado dependiendo de cuan ampliamente se distribuya el producto. La mejor manera de asegurarse de que puede eliminar el producto con éxito es tener un sistema de seguimiento efectivo y mantener registros completos.

Las notificaciones a sus puntos de distribución y consumidores deben incluir instrucciones para ayudarlos a devolverle los productos. Si los productos todavía están ubicados centralmente en un mayorista, se pueden recoger y devolver fácilmente a la empresa. Si el producto se ha vendido a los consumidores, lo mejor es que los consumidores devuelvan los productos al lugar de compra y luego los recojan allí. Una vez que estos productos han sido retenidos, deben ser segregados, retenidos y marcados claramente como "no para venta o distribución". Los productos retirados del mercado que aún no han salido del control de la empresa también deben separarse inmediatamente y retenerse en un área con una identificación clara de que no están a la venta. Mientras se lleva a cabo este proceso, es fundamental mantener registros precisos de todos los productos que se han localizado y/o retirado y su ubicación actual. La documentación debe ser lo más completa posible, incluidos los códigos de identificación y las cantidades exactas.

DISPOSICIÓN DEL PRODUCTO

Una vez que los productos sean detenidos, el equipo de retirada deberá decidir el destino de los productos retirados. Las opciones para la disposición del producto se pueden resumir en la siguiente lista:

- Redirección: los productos se reutilizan para un propósito diferente al previsto originalmente, que generalmente excluye el consumo humano.
- Destrucción: se determina que el producto no es seguro para el consumo y debe destruirse antes de desecharse.
- Reacondicionamiento: los productos tienen un riesgo de seguridad que puede corregirse y luego permitir que los productos se redistribuyan.

Antes de redirigir, destruir o reacondicionar los productos retirados, debe que contactar a las autoridades sanitarias para obtener su aprobación o pueden requerir que un inspector sea testigo de la disposición o destrucción.

EFECTIVIDAD DE LA RETIRADA

Determinar la efectividad del retiro le permitirá verificar que todos los posibles destinatarios de los productos retirados hayan sido notificados y hayan tomado medidas. Para verificar esto, debe examinar el porcentaje de la cantidad de unidades de producto afectado que han salido del almacén a la cantidad de unidades que fueron devueltas o contabilizadas.

SIMULACIÓN DE RETIRADA

Una simulación de retirada le va a permitir que el equipo de retirada y todo el personal involucrado se familiarice con sus responsabilidades a lo largo del procedimiento. Deben realizarse simulacros de retirada al menos una vez al año y siempre que haya cambios significativos en la estructura o el personal de la empresa y la cadena de distribución o cambios en el plan.

PLANTILLAS DE INFORMACIÓN PARA LA COMUNICACIÓN CON LAS AUTORIDADES SANITARIAS

INFORMACIÓN DEL PRODUCTO:

Modifique el formulario "Descripción del producto, distribución, consumidores y uso previsto" según sea necesario para reflejar solo el producto en cuestión, incluidos:

- Nombre del producto (incluido el nombre de marca y el nombre genérico)

- Lote de producto/código de identificación del producto

- Eliminar los nombres de los productos que no están involucrados en la retirada

- Reúna DOS JUEGOS COMPLETOS DE TODAS las etiquetas para el contacto de la retirada de las autoridades sanitarias.

  Incluir:

- Etiquetado de productos (incluidas TODAS las etiquetas)

- Etiqueta de paquete individual

- Etiqueta de la caja (aceptable fotocopia)

- Prospectos del paquete (si corresponde)

- Instrucciones de uso

- Material promocional (si corresponde)

CÓDIGOS (Números de Identificación de Lote):_____

- Lote n°(s):

  _____

- Sistema de loteado: *Describir cómo leer el código de su producto:*   -

  _____
  _____
  _____

- Vida útil del producto: _____

EMPRESA CONTACTOS
Proporcione esta información a las autoridades sanitarias para una comunicación clara:
Nombre del fabricante: [Nombre y dirección]

Cargo	Nombre, Cargo	Información del contacto
Coordinador de la Retirada		Oficina: xxx-xxx-xxxx Móvil: xxx-xxx-xxx Fax: xxx-xxx-xxxx correo electrónico: xxxxxxxxx
Persona con mayor responsabilidad		Oficina: xxx-xxx-xxxx Móvil: xxx-xxx-xxx Fax: xxx-xxx-xxxx correo electrónico: xxxxxxxxx

| Contacto público: | Puede ser uno de los anteriores u otra persona. Si es posible, es útil nombrar a una persona diferente para permitir que el coordinador se concentre en recuperar el producto y resolver el problema. | Oficina: xxx-xxx-xxxx
Móvil: xxx-xxx-xxx
Fax: xxx-xxx-xxxx
correo electrónico:
xxxxxxxxx |

MOTIVO DE LA RETIRADA:

Explicar en detalle porqué el producto no es seguro	
Explique cómo el defecto afecta a la seguridad del producto, incluida una evaluación de un riesgo para la salud asociado con la deficiencia, si lo hubiera.	
Si la retirada del mercado se debe a la presencia de un objeto extraño, describa el tamaño, la composición, la dureza y la nitidez de los objetos extraños.	
Si la retirada se debe a la presencia de un contaminante (líquido de limpieza, aceite de máquina, vapores de pintura),	

explique el nivel de contaminante en el producto. Proporcione el etiquetado, una lista de ingredientes y la Hoja de datos de seguridad del material para el contaminante.	
Si la retirada se debe a que el producto no cumplió con las especificaciones, proporcione las especificaciones e informe de todos los resultados de las pruebas. Incluya copias de cualquier análisis de la muestra.	
Si la retirada se debe a un problema con la etiqueta/ingrediente, proporcione e identifique la(s) etiqueta(s), descripción(es) y formulación(es) correctas e incorrectas.	
Explique cómo ocurrió el problema y la(s) fecha(s) en que ocurrió.	
Explique si el problema/defecto afecta a TODAS las unidades sujetas a la retirada o solo a una parte de las unidades en los lotes implicados en la retirada.	
Explique por qué este problema afecta solo a los productos/lotes implicados en la retirada.	
Proporcione información detallada sobre las quejas asociadas con el producto/problema:	

• Fecha de la denuncia • Descripción de la queja: incluya detalles de cualquier lesión o enfermedad • Número de lote (s) involucrado Póngase en contacto con las autoridades sanitarias	

VOLUMEN DE PRODUCTO RETIRADO:

Cantidad total producida	
Fecha(s) de producción	
Cantidad distribuida	
Fecha(s) de distribución	
Cantidad en ALMACÉN	
Indique cómo está poniendo en cuarentena el producto	
Cantidad estimada restante en el mercado • nivel de distribuidor	
• nivel de cliente	
Proporcionar el estado/disposición del producto comercializado, si se conoce (p. ej., usado, utilizados en la fabricación posterior, o destruidos).	

PATRÓN DE DISTRIBUCIÓN

Número de clientes DIRECTOS (clientes a los que vende directamente) por tipo

Tipo	Número
• Mayoristas/distribuidores	
• Re-envasadores	
• Fabricantes	
• Minorista	
• Consumidores (internet o venta por catálogo)	
• Consignatarios de las autoridades sanitarias	
• Consignatarios extranjeros (especificar si son distribuidores mayoristas, minoristas o usuarios)	
Zonas geográficas de distribución, incluidos países extranjeros	

LISTA DE CONSIGNATARIOS
Proporcione esta lista al punto de contacto de la retirada de las Autoridades Sanitarias. Incluya clientes de España y clientes extranjeros.

Clientes comerciales
- Nombre
- Dirección
- Ciudad
- País
- Nombre del contacto para la retirada
- Teléfono del contacto para la retirada
- ¿Se envió el producto retirado?
- ¿Se vendió el producto retirado?
- El producto retirado ¿puede haber sido enviado o vendido?

¿Se vendió el producto bajo contrato público?
Si _____ *No* _____

En caso afirmativo, incluya el nombre de contacto y la información anterior Y complete la información a continuación:

Agencia/ Administración contratante	Número de contacto	Fecha de contrato	Fecha de implementa ción

Programa de comedores colectivos:
Si el producto se vendió a una agencia/administración pública, estatal o regional para el programa de comedores colectivos, complete la tabla y notifique "enviar a" (para que

158

puedan recuperar el producto) y "facturar a" los clientes (para que puedan iniciar la retirada secundaria).

Consignatario	Cantidad	Fecha de venta	Fecha de envío

ESTRATEGIA DE RECUPERACIÓN:
Nivel en la cadena de distribución

Nivel	Incluida		Justificación si es "No"
	Si	No	
Mayorista/distribuidor			
Minorista			

Instrucciones para la Notificación al Consignatario

Escriba instrucciones sobre cómo se notificará a los destinatarios (es decir, por correo, teléfono, fax, correo electrónico).

NOTA: Es recomendable incluir una notificación por escrito para que los clientes tengan un registro de la retirada y sus instrucciones.

Incluya instrucciones como:
- Cómo se enviarán las cartas a los clientes (p. ej., correo urgente, burofax, correo certificado)
- Borrador de la guía de teléfonos, si decide usar el teléfono. NOTA: Si la notificación inicial es por teléfono, esté preparado para proporcionar una copia de la guía de teléfonos a la administración sanitaria.
- Borrador de notificación de retirada (ver ejemplo en la última página) para el sitio web e instrucciones para publicarlo, si corresponde. NOTA: No se recomienda la web como único medio de notificación al cliente.

- Instrucciones preliminares para los destinatarios sobre qué hacer con el producto retirado. Si hay una retirada, la administración sanitaria querrá una copia de las instrucciones finales.

COMPROBACIONES DE EFICACIA

Verificaciones de efectividad: considere completar el nombre y la información de contacto para la retirada del destinatario para que sea más fácil comunicarse con ellos en caso de una retirada.

- Consignatario
- Contacto para la Retirada
- Fecha de contacto
- Modo de contacto
- Nombre
- Información del contacto
- Teléfono
- e-mail
- Fax
- Carta certificada

Resumen de comprobación de eficacia: Enviar periódicamente a la autoridad sanitaria la siguiente información:
- Fecha de notificación
- Modo de notificación
- Nº de consignatarios contactados
- Nº consignatarios que contestaron
- Cantidad de producto disponible cuando se recibió la notificación
- Número de consignatarios que no responden y medidas adoptadas

Destrucción/reacondicionamiento del producto

Proporcione un método de destrucción propuesto, si corresponde.

Si el producto va a ser "reacondicionado", explique cómo y dónde se llevará a cabo el reacondicionamiento. Se recomienda que proporcione los detalles del plan de reacondicionamiento al punto de contacto de la retirada de la autoridad sanitaria antes de la implementación.

Describa cómo se identificará el producto reacondicionado para que no se confunda con el producto retirado (pre-reacondicionado).

Debe comunicar con el Distrito sanitario local antes de destruir el producto. La Administración revisará el método de destrucción propuesto y puede optar por presenciar la destrucción.

Usted y sus clientes deben mantener la documentación adecuada de la destrucción del producto (y si la destrucción fue presenciada o no por un inspector de la administración).

Las correcciones puntuales, como el re-etiquetado de productos, se realizarán mediante la retirada de los representantes de la empresa o bajo su supervisión y control. Comuníquese con el Distrito sanitario local antes de liberar los productos reacondicionados.

BORRADOR
Aviso de retirada

[Nombre de la empresa] Retira voluntariamente [insertar información resumida]

Representando [X cantidad][--No hay otros productos afectados--]

Contacto

Consumidor:

1-xxx-xxx-xxx

Contacto con los medios:

xxx-xxx-xxxx

PARA PUBLICACIÓN INMEDIATA – [fecha] – [Nombre de la empresa] está retirando voluntariamente [X] Códigos de lote de [NOMBRE DE LA EMPRESA/MARCA COMERCIAL] [inserte el nombre y la descripción específicos del producto], que representa [inserte la cantidad]. [Indicar el motivo de la retirada].

Esta acción se relaciona solo con los productos de [NOMBRE DE LA COMPAÑÍA] con cualquiera de estos códigos de lote impresos en el paquete: [inserte nº lotes]

Ningún otro código de lote ni ningún otro producto de [NOMBRE DE LA COMPAÑÍA] está involucrado en esta acción.

Solo estos códigos de lote específicos se ven afectados. Se solicita a los clientes que eliminen todos los productos con los códigos enumerados a continuación fuera de distribución de inmediato. Los clientes pueden llamar al número indicado o visitar nuestro sitio web para obtener instrucciones sobre qué hacer con el producto.

Producto	Lote	Item Nº.
insertar nombre de la empresa insertar códigos del producto	insertar código(s) de producto	insertar número(s) de artículo

[Nombre de la empresa] está realizando este retiro voluntario porque [insertar nombre(s) del producto] [modificar según sea necesario. No hemos recibido ningún informe de enfermedad asociada con este producto, pero estamos retirando voluntariamente este producto por precaución.]

Para obtener más información o asistencia, comuníquese con nosotros al 1-xxx-xxx-xxxx (de lunes a viernes, de 9:30 a. m. a 5:00 p. m.) o a través de nuestro sitio web en www.xxx.com

ANEXOS
Anexo 1 Determinación de cuándo emitir una retirada
1. ¿Hay algún alérgeno presente en un producto que no esté declarado en la etiqueta?
□ Sí   □ No
En caso afirmativo, proporcione detalles.
2. ¿Existe una posible contaminación microbiana patógena en un producto?
□ Sí   □ No
En caso afirmativo, proporcione detalles.
3. ¿Han recibido un número inusual de quejas de consumidores sobre un producto?
□ Sí   □ No
En caso afirmativo, proporcione detalles.
4. ¿Hay motivos para creer que el envase o el cierre de un producto se ha visto comprometido?
□ Sí   □ No

En caso afirmativo, proporcione detalles.

5. ¿Hay motivos para creer que un producto podría contener material extraño no deseado?

□ Sí   □ No

En caso afirmativo, proporcione detalles.

6. ¿Ha habido informes de enfermedades o lesiones asociadas con un producto?

□ Sí   □ No

En caso afirmativo, proporcione detalles.

7. ¿Alguna autoridad competente ha solicitado que retiren un producto?

□ Sí   □ No

En caso afirmativo, proporcione detalles.

8. ¿Hay más detalles sobre el problema?

□ Sí   □ No

En caso afirmativo, proporcione detalles.

Anexo 2 Modelo de Carta de verificación de efectividad (industria)

Consignatario

Nombre y Dirección Fecha

Estimado señor(a):

El (fecha), se le notificó por carta que (nombre de la empresa), está retirando (nombre del producto), tamaño de los envases y embalajes, número de código/ lote, todos los productos fueron fabricados por (nombre de la empresa) y distribuidos únicamente bajo la etiqueta del fabricante.

La retirada del producto se debe a:…… y es por ello que el consumo de dicho producto por parte de a los consumidores representa un peligro potencial para la salud.

En el aviso de retirada de (nombre de la empresa) solicitó a los consignatarios (mayoristas y minoristas) que suspendan la venta de sus existencias existentes y que devuelvan los inventarios existentes a (nombre de la empresa).

Para notificar a las autoridades competentes sobre la efectividad de esta retirada del mercado, se le solicita que complete y devuelva el cuestionario adjunto de inmediato.

Si tiene alguna pregunta o problema con esta solicitud, llame al (nombre y número de teléfono).

Gracias por su cooperación.

Atentamente,

NOTA: Si esta carta se envía a distribuidores que pueden haber vendido aún más el producto a otros distribuidores o puntos de venta, el tercer párrafo debe incluir el hecho de que el aviso de retiro solicitó a los destinatarios directos que realicen sub-retiros y notificar a sus clientes este hecho.

Anexo 3 Modelo de respuesta de verificación de efectividad (industria)

Nombre y dirección del destinatario

RECUERDO DE PRODUCTOS (nombre de la empresa)

Método de correo para comprobar la efectividad de la retirada

_____

POR FAVOR LEA CADA PREGUNTA Y COMPRUEBE LA RESPUESTA APROPIADA QUE HA ELEGIDO. CONSULTE CON ALGUIEN QUE PUEDA HABER RECIBIDO ESTA NOTIFICACIÓN ANTES DE RESPONDER.

FECHA

_____

1. ¿Recibió su empresa una notificación de que (nombre de la empresa) está retirando su producto (Nombre) _____?

SI NO

2. ¿Su empresa recibió envíos del producto que se retira del mercado? (Si no, firme y devuelva).

SI NO

3. ¿Tiene alguno de los productos retirados? (Por favor revise los inventarios antes de responder).

SI NO

4. Si la respuesta a la pregunta 3 es SÍ, ¿tiene la intención de devolver el producto a (nombre de la empresa) según lo solicitado?

SI NO

5. Si la respuesta a la pregunta 4 es NO, explique sus intenciones

6. ¿Ha recibido informes de enfermedades o lesiones relacionadas con este producto? SI NO____

En caso afirmativo, por favor indique los detalles.

Nombre de la persona que completa el cuestionario:

Anexo 4 Modelo de Cuestionario de verificación de efectividad del modelo para visitas telefónicas o personales (industria)

Nombre y dirección del destinatario

Después de contactar al consignatario y localizar a la persona responsable de manejar las notificaciones de retiro y / o el producto involucrado, se puede usar una apertura similar a la siguiente.

Soy (Nombre del entrevistador). Estoy llamando a (recordar la empresa) para verificar la efectividad de la retirada de la empresa de (descripción del producto, incluidos los códigos). El (fecha), (empresa que recuerda) notificó (cómo: carta, teléfono, visita, diagrama de correo, etc.), a todas las empresas que pueden haber comprado (producto) que todas las existencias han de ser (devueltas, destruidas, modificadas, etiquetadas, etc.)) Tengo las siguientes preguntas para hacerle sobre esta retirada:

FECHA_____

1. ¿Recibió su empresa notificación de que se están retirando del mercado productos (nombre del producto) fabricados por (nombre de la empresa)?

SI NO

2. ¿Su empresa recibió envíos del producto que se retira del mercado? (Si no, termine el cuestionario y vaya al cierre).
SI NO

3. ¿Tiene alguno de los productos retirados? (Por favor revise los inventarios antes de responder).
SI NO

4. Si la respuesta a la pregunta 3 es SÍ, ¿tiene la intención de devolver el producto a (nombre de la empresa) según lo solicitado?
SI NO

5. Si la respuesta a la pregunta 4 es NO, explique sus intenciones.

6. ¿Ha recibido informes de enfermedades o lesiones relacionadas con este producto? SI NO___

En caso afirmativo, por favor indique los detalles.

Gracias por su cooperación.

Y su nombre es

¿Y cuál es su cargo por favor?

Fecha del entrevistador_____

Anexo 5 Modelo de carta de retirada (genérico)
Fecha de membrete de la empresa (mes, día, año)

URGENTE

[Insertar ALIMENTOS,]

Estimado [Insertar cliente / distribuidor / fabricante, etc.], esto es para informarle de una retirada del producto que involucra

[Insertar: NOMBRE DEL PRODUCTO, NOMBRE DE MARCA, DESCRIPCIONES, CÓDIGOS UPC, NÚMEROS DE LOTE Y ETC.]

Consulte la etiqueta del producto adjunta [para facilitar la identificación del producto a nivel minorista/usuario].

Esta retirada se ha identificado debido a [problema]. El uso de [o el consumo de] este producto puede [incluir cualquier peligro potencial para la salud].

Comenzamos a enviar este producto la [fecha]. El consumo de este producto puede [incluir cualquier peligro potencial para la salud]. Examine inmediatamente su inventario y el producto de cuarentena sujeto a la retirada. Además, si puede haber distribuido este producto, identifique a sus clientes y notifíquelos de inmediato sobre la retirada de este producto. Su notificación debe incluir instrucciones sobre qué deben hacer los clientes con el producto retirado del mercado.

Esta retirada debe llevarse a cabo al nivel [mayorista], [minorista], [colectivo], [consumidor final].

Su colaboración es necesaria para prevenir [i.e. enfermedad del consumidor].

Complete y devuelva el formulario de respuesta adjunto lo antes posible. Si tiene alguna pregunta, llame a [nombre y número de teléfono].

Esta retirada se realiza con el conocimiento de las Autoridades competentes.

Nombre: (letra MAYÚSCULA)

_____

Firma:

_____

Título:

_____

Anexo 6 Modelo de respuesta de devolución
[CABEZA DE CARTA DE LA EMPRESA] Insertar [Producto] Insertar [Números de lote]

Por favor marque TODAS las casillas apropiadas.

He leído y entiendo las instrucciones de retirada comunicadas en la [fecha de].

He revisado mis existencias y he puesto en cuarentena el inventario que consta de [o casos).

Indique la disposición del producto retirado:

devuelto (especifique cantidad, fecha y método)

retenido para devolución;

destruido (especifique cantidad, fecha y método);

cuarentena pendiente de corrección (especificar cantidad);

Se adjunta una lista de clientes que recibieron/pueden haber recibido este producto. Por favor notifique a mis clientes.

¿Algún suceso adverso asociado con el producto retirado? Sí No

En caso afirmativo, explique:

Verifiqué mis existencias y realicé el método apropiado de disposición para el inventario que consta de _____ [unidades, cajas, etc.].

Marque las casillas apropiadas para describir la naturaleza de su negocio:

Mayorista / distribuidor

Sede corporativa de supermercados

Re-envasador

Minorista

Otro:

Servicio de comida/restaurante

Fabricante

Nombre / Titulo

Teléfono

Dirección de correo electrónico

POR FAVOR ENVÍE EL FORMULARIO DE RESPUESTA COMPLETO POR FAX AL TEL. # [INSERTAR NÚMERO DE TELÉFONO], ATENCIÓN: [INSERTAR NOMBRE] O ENVIAR POR CORREO A: [INSERTE EL NOMBRE DE LA FIRMA Y LA DIRECCIÓN]

Las autoridades competentes solicitan lo siguiente:
A. Monitoree el progreso de su retirada incluyendo la realización de controles de efectividad. El propósito de las comprobaciones de efectividad es verificar que todos los destinatarios hayan recibido notificación sobre la retirada y hayan tomado las medidas apropiadas.
B. Envíe informes periódicos de estado de la retirada a su punto de contacto de retirada de la autoridad competente. Se espera que el primer informe de estado de su empresa se envíe en una semana, y posteriormente a semanales, a menos que su inspector solicite lo contrario. Los informes de estado de recuperación deben contener la siguiente información:
   1. Número de consignatarios notificados, y fecha y método de notificación.
   2. Número de consignatarios que responden a la notificación y cantidad de productos disponibles en el momento de su recepción.
   3. Número de consignatarios que no respondieron (si es necesario, las autoridades competentes pueden solicitar la identidad de los destinatarios que han respondido).
   4. Número de productos devueltos y la cantidad de productos contabilizados.
   5. Número y resultados de la verificación de efectividad que se hicieron.
   6. Problemas significativos que la empresa está experimentando en la retirada.
   7. Cualquier paso adicional que la empresa esté tomando para completar la retirada.
   8. Plazos de tiempo estimados para completar la retirada.

Para las retiradas del mercado en los que se le devuelve el producto retirado a usted o a un tercero:

o Asegúrese de que todo el producto devuelto sea inventariado, identificado, almacenado y segregado de manera oportuna de tal manera que se asegure su separación de productos conformes para que no se utilicen o envíen inadvertidamente.

o Antes de destruir o reacondicionar el producto devuelto, notifique a su inspector. Las autoridades competentes pueden querer presenciar la destrucción de los productos o revisar el reacondicionamiento propuesto.

Envíe una solicitud por escrito para la finalización de la retirada al punto de contacto de las autoridades competentes una vez que se hayan hecho todos los esfuerzos razonables para retirar el producto de acuerdo con la estrategia de retirada, y cuando sea razonable suponer que el producto sujeto a la retirada se ha eliminado y la adecuada disposición o corrección se ha hecho acorde con el grado de peligro del producto retirado del mercado.

La administración le notificará por escrito cuando estemos de acuerdo con su solicitud de finalización de la retirada.

La administración permanecerá en contacto con su empresa hasta que se resuelva este asunto.

Anexo 7. Comunicación Inmediata a las Autoridades Sanitarias
Objetivo:
De conformidad con el Art.19 punto 1 y 3 del Reglamento (CE) n° 178/2002 y del Capítulo II Art.4 3.b del Real Decreto 1801/2003, si un explotador de empresa alimentaria considera o tiene motivos para pensar que alguno de los alimentos que ha importado, producido, transformado, fabricado o distribuido no cumple los requisitos de seguridad de los alimentos **procederá**

inmediatamente a su retirada del mercado e informará de ello a las autoridades competentes. Además el explotador informará de forma efectiva y precisa a los consumidores de las razones de esa retirada..

Cuando comunicar

Los operadores económicos han de presentar un informe a través de un **portal electrónico** cuando haya una probabilidad razonable de que el uso o la exposición a un producto alimentario causará graves consecuencias para la salud o la muerte.

Deben enviar los informes tan pronto como sea posible, pero en ningún caso después de 24 horas una vez que el operador económico determine que un producto alimentario es o puede ser nocivo para la salud.

Se debe emitir un número único después de presentar el informe, para identificar el informe inequívocamente.

¿Qué datos deben de ir en el informe inicial de comunicación?

- el número del RGSA de la instalación de alimentos;
- la fecha en la que determinó que el producto alimentario era inseguro o nocivo para la salud;
- la descripción del alimento que sirva para identificarlo (etiquetado, tipos de envases, presentación, cantidades, lote…)
- el alcance y los hechos que hacen que el alimento no sea seguro para el consumo
- los resultados de cualquier investigación de la causa, cuando se conozcan;
- la disposición del producto alimentario, cuando se conozca;
- la información de contacto de las fuentes anteriores inmediatas (proveedores) o los destinatarios posteriores inmediatos (clientes) del producto alimentario.

Deben proporcionar **informes sucesivos**, según vayan realizando la investigación de la causa/as del problema. Deben enviar **informes periódicos** de estado de la retirada de los productos. En estos informes han de comunicar el progreso de la retirada incluyendo la realización de controles de efectividad. El propósito de las comprobaciones de efectividad es verificar que todos los destinatarios hayan recibido notificación sobre la retirada y hayan tomado las medidas apropiadas.

Los informes de estado de recuperación deben contener la siguiente información:

1. Número de consignatarios notificados, y fecha y método de notificación.
2. Número de consignatarios que responden a la notificación y cantidad de productos disponibles en el momento de su recepción.
3. Número de consignatarios que no respondieron.
4. Número de productos devueltos y la cantidad de productos contabilizados.
5. Número y resultados de la verificación de efectividad de la retirada que se hicieron.
6. Problemas significativos que la empresa está experimentando en la retirada.
7. Cualquier paso adicional que la empresa esté tomando para completar la retirada.
8. Plazos de tiempo estimados para completar la retirada.

Para las retiradas del mercado en los que el producto retirado se devuelve a la empresa:

- Asegúrese de que todo el producto devuelto sea inventariado, identificado, almacenado y segregado de manera oportuna de tal manera que se asegure su separación de productos aptos para que no se utilicen o envíen inadvertidamente.

- Cualquier destrucción o reacondicionamiento del producto devuelto, ha de ser autorizada por las autoridades competentes.

Los operadores económicos deben mantener durante al menos 2 años los registros relacionados con cada informe notificado a las Autoridades Sanitarias.

ACRÓNIMOS

ALARP	*As Low as Reasonably Practical*
APPCC	Análisis de Peligros y Puntos de Control Crítico
BPF	Buenas Prácticas de Fabricación
CAPA	Acciones Correctivas y Preventivas
CGMP	*Current Good Manufacturing Practices*
CODEX	*Codex Alimentarius*
EFSA	*European Food Safety Authority*
FDA	*U.S. Food and Drug Administration*
FSMA	*U.S. Food Safety Modernization Act*
HACCP	*Hazard Analysis and Critical Control Points*
HARPC	*Hazard Analysis and Risk-Based Preventive Controls*
ICMSF	*Internacional Commision for the Microbiological Specifications for Food*
ISO	Organización Internacional de Estandarización
NACMCF	*National Advisory Committee on Microbiological Criteria for Foods*
OMS	Organización Mundial de la Salud
OPRP	Programas de Requisitos Previos Operativos
PCC	Punto Crítico de Control
PRP	Programa de Requisitos Previos
SGC	Sistema de Gestión de la Calidad

SGSA   Sistema de Gestión de la Seguridad de los Alimentos

ACERCA DE LOS AUTORES

Mª Ángeles Martín Linares, es licenciada en Veterinaria por la Facultad de Córdoba y Doctora en Veterinaria por la Universidad de Murcia. Es Académico de Número (electo) de la Real Academia de Ciencias Veterinarias de Andalucía Oriental desde julio de 2022. Es Experto Universitario en Gestión de Seguridad Alimentaria y Diplomada especialista en Gestión Sanitaria, ambos por la Escuela Andaluza de Salud Pública. Miembro de la Sociedad Americana de Calidad desde 2017. Está certificada por la Asociación Americana de Calidad (ASQ) como Auditora de Calidad, Auditora de Sistemas Biomédicos y Auditora de Seguridad alimentaria y APPCC. Es Lead Auditor ISO 9001:2015. Lead Instructor for FSPCA Preventive Controls for Human Foods. Qualified Trainer for Seafood HACCP Alliance (SHA) in Seafood Hazard Analysis and Critical Control Point. Qualified Trainer for SHA in Sanitation Control Procedures (SCP) for processing Fish and Fisheries products. Funcionaria del Cuerpo Superior Facultativo de Instituciones Sanitarias, A4, de la Junta de Andalucía.

Ha estado trabajando para la compañía Business Excellence Consulting, Inc. (BEC Inc.), en el entorno regulado por la FDA de 2014 a 2018.

Enfocada en formación, asesoramiento y auditorías en industrias europeas y/o reguladas por USDA/FDA, centrándose en la formación de Auditorías Internas, CAPA (Acciones Correctivas y Preventivas), Análisis de Root Cause (causa raíz), Errores Humanos, Integridad de datos, Buenas Prácticas de Fabricación (GMPs), HACCP, Análisis de Riesgos y Controles Preventivos, Programas de saneamiento, Etiquetado etc, en diferentes sectores alimentarios y bajo el prisma regulatorio europeo y de los EE.UU. Es docente colaboradora de prestigiosas entidades públicas y privadas. Su correo electrónico es: foodquality2014@gmail.com.

José (Pepe) Rodríguez-Pérez, es licenciado en biología y doctor en inmunología, ambos por la Universidad de Granada, España, y tiene estudios de posgrado en ciencias médicas. Durante sus 30 años de carrera, pasó más de 15 años trabajando en una planta de fabricación de dispositivos médicos. También fue asesor científico de la FDA de EE. UU. de 2009 a 2012.

Fundó Business Excellence Consulting, Inc. (BEC Inc.) en mayo de 2005 y desde entonces ha estado liderando su operación y expansión a una firma de consultoría global. Su experiencia práctica promedio trabajando en el entorno regulado por la FDA supera los 20 años. Actualmente, contamos con más de 100 profesionales altamente calificados y experimentados, incluidos ingenieros, químicos, bioquímicos y biólogos, que atienden a clientes en todo el mundo.

Desde mayo de 2015, BEC Inc. ha sido acreditada bajo el Estándar ANSI /IACET 2013-1 para Educación y

Formación Continua, que es reconocido internacionalmente como un estándar de excelencia en prácticas de instrucción. Desde noviembre de 2018, BEC Inc. ha sido acreditado por ANAB como Organismo de Inspección bajo la norma internacional ISO / IEC 17020: 2012 Evaluación de la conformidad - Requisitos para el funcionamiento de varios tipos de organismos que realizan inspecciones. Nuestra acreditación cubre las regulaciones y estándares farmacéuticos, de dispositivos médicos y de fabricación de alimentos.

Miembro senior de la Sociedad Americana de Calidad y Presidente de la sección de Puerto Rico durante el período 2003-05. Fue secretario de 2005 a 2012. Pepe cuenta con siete certificaciones de la Sociedad Americana de Calidad (ASQ): Certificado Six Sigma Black Belt, Gerente de Calidad y Excelencia Organizacional, Ingeniero de Calidad, Auditor de Calidad, Auditor HACCP, Profesional Farmacéutico GMP y Auditor Biomédico. También es miembro de ISPE, ISPE, AAMI y PDA. Su correo electrónico es: pepe.rodriguez@bec-global.com.

BIBLIOGRAFÍA

Comunicación de la Comisión Europea sobre la aplicación de sistemas de gestión de la seguridad alimentaria que contemplan programas de prerrequisitos (PRP) y procedimientos basados en los principios del APPCC, incluida la facilitación/flexibilidad respecto de su aplicación en determinadas empresas alimentarias (2016/C 278/01, DOCE 30/07/2016).

FAO and WHO guidance to governments on the application of HACCP in small and or less Developed food businesses (FAO Food and Nutrition Paper 86, 2007).

FDA-iRISK®. Último acceso 25/02/22. Disponible en: https://irisk.foodrisk.org

Guías para la Aplicación del Sistema de Análisis de Peligros y Puntos de Control Crítico (APPCC) de la Comisión del Código Alimentario, adoptadas conjuntamente por FAO/WHO, 1993. Último acceso 25/02/2022. Disponible en: https://www.fao.org/3/w8088s/w8088s04.pdf

Hazard analysis approaches for certain small retail establishments in view of the application of their food safety management systems. EFSA Journal 2017;15(3):4697.

Hazard analysis approaches for certain small retail establishments and food donations: second scientific opinion. EFSA Journal 2018;16(11):5432.

International Organization for Standardization (ISO). 2005. ISO 22000: 2005 Food safety management systems— Requirements for any organization in the food chain.

____2015. ISO 9001:2015 Quality management systems — Requirements.

____2016. "Food Safety Modernization Act (FSMA) FDA." Último acceso 25/02/22. Disponible en: https://www.fda.gov/food/guidance-regulation-food-and-dietary-supplements/food-safety-modernization-act-fsma.

Martín Linares MA & Rodríguez Pérez J. CAPA: Acciones correctivas y preventivas en las industrias alimentarias. Editorial Díaz de Santos 2019. ISBN: 978-84-9052-2015-8.

Martín María A. y Rodríguez José. Cultura de calidad y cumplimiento en la industria alimentaria Cómo implementar una cultura de calidad y seguridad alimentaria basada en el comportamiento. 2021. Business Excellence Consulting - BEC Press. ISBN: 978-1-7367429-1-4.

Martín María A. y Delgado ML. Directrices para el control de *Listeria monocytogenes* en productos cárnicos listos para el consumo. Texto electrónico (pdf), 124 p. Consejería de Salud y Familias, 2020. QW 142.5.A8. Editorial Junta de Andalucía. Consejería de Salud y Familias.

National Advisory Committee on Microbiological Criteria for Foods (NACMCF). Último acceso 25/02/2022. Disponible en: https://www.fda.gov/food/hazard-analysis-critical-control-point-haccp/haccp-principles-application-guidelines

Orientaciones sobre la implementación de procedimientos basados en los principios del APPCC y sobre cómo facilitar la implementación de los principios del APPCC en determinadas empresas alimentarias (SANCO/1955/2005 rev. 3).

Principios Generales de Higiene de los alimentos, anexo sobre el sistema APPCC y directrices para su aplicación. Comisión del *Codex Alimentarius* (2003).

Reglamento (CE) n° 178/2002 del Parlamento Europeo y del Consejo, de 28 de enero de 2002, por el que se establecen los principios y los requisitos generales de la legislación alimentaria, se crea la Autoridad Europea de Seguridad Alimentaria y se fijan procedimientos relativos a la seguridad alimentaria

Reglamento (CE) n° 852/2004 del Parlamento Europeo y del Consejo, de 29 de abril de 2004, relativo a la higiene de los productos alimenticios

Reglamento (CE) n° 853/2004 del Parlamento Europeo y del Consejo, de 29 de abril de 2004, por el que se establecen normas específicas de higiene de los alimentos de origen animal

Reglamento (UE) n° 2017/625 del Parlamento Europeo y del Consejo, de 15 de marzo de 2017, relativo a los controles y otras actividades oficiales realizados para garantizar la aplicación de la legislación sobre alimentos y piensos, y de las normas sobre salud y bienestar de los animales, sanidad vegetal y productos fitosanitarios.

Reglamento (CE) n° 2073/2005 de la Comisión, de 15 de noviembre de 2005, relativo a los criterios microbiológicos aplicables a los productos alimenticios.

Reglamento (UE) 2021/382 de la Comisión de 3 de marzo de 2021 por el que se modifican los anexos del Reglamento (CE) n° 852/2004 del Parlamento Europeo y del Consejo, relativo a la higiene de los productos alimenticios, en lo que respecta a la gestión de los alérgenos alimentarios, la redistribución de alimentos y la cultura de seguridad alimentaria.

Reglamento (UE) N° 1169/2011 del Parlamento Europeo y del Consejo de 25 de octubre de 2011 sobre la información alimentaria facilitada al consumidor.

Tague, Nancy R. 2005. The Quality Toolbox, 2nd ed. Milwaukee: ASQ Quality Press.

Título 21 del Código de Reglamentos Federales, Sección 117. Buenas Prácticas de Manufactura Actuales, Análisis de Peligros y Controles Preventivos Basados en Riesgo para Alimentos de Consumo Humano.

World Health Organization. 2003. "Application of Hazard Analysis and Critical Control Point (HACCP) Methodology to Pharmaceuticals" (Annex 7).

ÍNDICE

5 por qué, 83-84

A

ALARP, 54
alimentos IV gama, 142
análisis de
  causa y efecto, 82
  gravedad, 48-50
  peligros y puntos de
  control crítico. Ver
  APPCC
  probabilidad, 50-52
  riegos, 44
  tendencias, 135
antimicrobiano,
  agente, 134
  proceso, 134
APPCC, 1, 21, 34-36, 84-95
auditoría interna, 98-100
Autoridad Europea de
  Seguridad Alimentaria.
  Ver EFSA

B

BPF, 2
BPH, 2
brainstorming, 81
buenas prácticas de
  fabricación. Ver BPF
buenas prácticas de
  higiene. Ver BPH

C

CAPA, 64-72, 115-118
CGMP, 31
clasificación de alimentos,
  141-143
CODEX, 22, 25
control de riesgo, 55
control estadístico de
  procesos, 135
controles
  evaluación de, 47-48
  de laboratorio, 136
  preventivos, 28, 35

D

diagramas de flujo, 80

E

EFSA, 126

F

FDA, 27
FDA-iRISK®, 77-78
Food Safety
Modernization Act.
Ver FSMA
formación, 100-102
FSMA, 27-36

H

*hazard analysis and risk-
based preventive
controls*, ver HARPC
HARPC, 32, 34-36

I

ICMSF, 21
integridad de datos, 128-
129
*International Organization
for Standardization.* ver
ISO
ISO, 10
ISO 9001:2015. Sistemas
de gestión de la
calidad – Requisitos,
10-17
ISO 22000:2018. Food
safety management
systems—
Requirements for any
organization in the
food chain., 23-26

M

mapas de procesos, 90

N

NACMCF, 21

O

Organización
Internacional de
Normalización. Ver
ISO
OPRP, 26

P

PCC, 25
PDCA, 11, 25, 74
programa de requisitos
previos. Ver PRP
programa de requisitos
previos operativos.
Ver OPRP
proveedores, 118-121
PRP, 25, 121-123

puntos críticos de
control, ver PCC

R

Reglamento (CE)
N° 178/2002, 1, 19,
109
N° 852/2004, 1, 22,
122, 124, 132
N° 853/2004, 2, 122-
123
N° 1169-2011, 56

N° 2073/2005, 132
Reglamento (UE) N°
  2017/625, 5, 73, 99-
  100
retirada del mercado,
  109-114
riesgo
  aceptación, 58
  análisis, 44
  control, 55
  documentación y
    comunicación, 58-60
  evaluación, 41, 52-54,
    69-71
  gestión, 97-98
  identificación, 42
  reducción, 55-56
    error humano, 102-
    109
  vigilancia, 60-61

            S
SGSA, 2, 6
sistema de gestión de los
  alimentos. Ver SGSA

            T
tratamiento post-
  letalidad, 134